# 危ない
# 動植物
## ハンドブック

西海

JN016499

自由国民社

# はじめに

　殺人バチ、獰猛なヘビ……。

　私たち人間は、危険な生き物たちに対して、このように感じている例が決して少なくありません。しかし実際は、ハチは人を殺すために生きているわけではありませんし、ヘビも獰猛に人を襲うことを好む動物ではありません。

　生物にとって戦うことは「エネルギーを消費するもの」であり、「ダメージを負う可能性のある危険な行為」です。仮にその一戦に勝つことができても、ダメージを負えば、その後の生存戦略において不利になる可能性があります。

　そのため生物にとっては、基本的には争わない「逃げる」行動を選択した方が、様々なリスクを避ける有効な戦略になることが多いのです。

　つまり、危険生物による事故が起こるのには、それなりの理由があると考えることができます。

「現象には必ず理由がある」「原理がわかれば応用できる」

　今、こうした危険生物への対策が、すべて科学的に証明されているわけではありません。今でもまだ解明しきれず、「こうすると良い傾向があるから、とりあえずこの対策をしておこう」となっているものも少なくありません。

　しかし根本的に、「どんな生物がどのように危険なのか」という知識の有無は、事故予防とその後の対応に大きく影響します。避けられるはずの事故を避けられるかどうか、事故が起こった時に適切な対処ができるかどうかは、大きな差なのです。

　本書では、実際に数々の危険生物対策指導を行ってきた中で、皆さんが「危険性を気にすることの多い生物」や「それに準ずる生物」を取りあげました。中には、「本当に注目してほしい危険生物」もいれば、「むしろなぜ世の中で危険生物枠に入れられて

いるんだ?」というものも、含まれています。

「世の中で危険生物として名前はあがるけど、実際はあまり被害が起こらないんだ!?」、そんな情報も、ぜひ併せて知っていただけたらと思います。

野外で活動していれば、「これをすれば絶対に大丈夫」という、100%事故を回避できる危険生物対策なんて存在しません。ですが、対策を一つでも多く知ることで、1件でも多くの事故を予防することができるはずです。

彼らのことを深く知れば知るほど、「こんな場合はこうした方がいいかも」というアレンジも効くようになります。彼らの基礎的な情報として、この本の内容が皆さんにとって、危険生物を知る一端になれれば幸いです。

一般社団法人 セルズ環境教育デザイン研究所
代表理事 所長 西海太介

# もくじ

# 野生動物へのエサやりは事故のもと

野生動物に対する餌付け（エサやり）は、巡り巡って私たち人間自身を苦しめる結果をもたらしかねない、大変危険な行為です。つまり、この本でも紹介している「危険生物」として恐れる生物たちによる事故を、自らが作り出してしまう恐れのある行為であることを、認識しなければなりません。

こうしたエサやりが起因となりうる事例として有名なのは、北海道、知床半島の事例です。有名な観光地であり、雄大な自然を今に残す北海道の知床半島では、観光客による野生動物へのエサやりや、エサとなり得る食べ物の置き残しといった事例などによって、ヒグマによる人身事故が懸念されてきました。

「人に近づくとエサがもらえる」「人の近くにエサがある」。

クマは大変学習能力が高い生物です。こうしたクマたちが「人と食べ物」の関連付けを学習してしまうと、人とクマの距離が近くなり、人身事故を引き起こす可能性が高まります。

また、同所でのキタキツネに関しては、車や人が来てもほとんど怖がることがなく、逃げるどころか、個体によっては近づいてくる始末です。こうした状況も、直接的に襲われなくとも、感染症の伝播の危険性などが生まれることから、好ましい状況とは言えません。

野生動物は「野生の動物」です。一時の「情」や「可愛い」という気持ちで下手に干渉してしまうと、それがいつか誰かが事故に遭う可能性を作ってしまうかもしれません。私たちは私たちがとる一つ一つの行動で、どんな影響が出るのかを考え、真摯に向き合わなくてはなりません。

※2022年4月より自然公園法が改正され、ヒグマを含む野生動物への餌やりや、著しい接近などの行動が禁止となりました。

**☠ DANGEROUS CREATURE**

# 動物の毒と植物の毒

　有毒動物は主にタンパク質を主成分とする毒を持つことが多く、反対に、植物はアルカロイドというジャンルに含まれる毒を持つことが多い傾向があります。実はこの違い、我々の毒に対するリスクマネジメントとしては、意識しておきたい大切なポイントです。

　タンパク質は、比較的熱に弱い特徴があり、最適な温度から離れてしまうと、その活性が下がったり、一度高温下にさらされると「熱変性」という構造変化を起こしたりします。生卵に熱を加えてゆで卵にした後、また温度を下げても生卵には戻りません。タンパク質は、一度その構造が壊れると、また元の状態に戻ることはできないという性質があります。

　それに対し、植物が主に持つアルカロイドは比較的熱に強い物質です。タバコに含まれる「ニコチン」や、コーヒーに含まれる「カフェイン」、トウガラシに含まれる「カプサイシン」などは、このアルカロイドに含まれます。これらの物質は燃やしたり、調理で熱を加えても、簡単に壊れることがないため、しっかりと残り、私たちはその「毒」を「有効成分」としてうまく活用することができています。裏を返せば、植物毒は調理で火を加えても、無毒化することが難しいと言えます。そのため、トリカブトなどをはじめとした多くの植物毒は、調理で火を加えても、中毒を起こす結果に結びついてしまうのです。

　そもそも植物側からすれば、これらの成分はいずれも「自己防衛物質」です。それを、私たち人間が有効に使えれば「薬草」、悪影響があれば「毒草」と呼んでいるだけなのです。

# 毒ヘビ？　無毒ヘビ？　ヘビの種類が わからないときの見分け方

　日本には約50種類のヘビが生息しており、そのうち、南西諸島を除いた北海道から九州までの大部分では8種のヘビしか生息していません。すなわち、アオダイショウ、シマヘビ、ジムグリ、ヒバカリ、シロマダラ、タカチホヘビ、ヤマカガシ、マムシの8種です。たった8種、されど8種。意外とその見分けが難しい色彩変異もあり、時にヤマカガシは無毒ヘビと間違えられ、事故に至るケースがあります。

　間違える原因となるのは、そのややこしい色彩変異です。色彩変異は、種ごとにどのようなタイプがあるのかはある程度パターン化されていますが、図鑑でスタンダードなタイプだけを覚えていても現場では間違えるリスクがあります。特に間違えやすいのがヤマカガシです。ヤマカガシは、地域によって様々な色彩変異があり、アオダイショウやシマヘビの色彩変化と重なるパターンもあって、誤認しやすいと言えます。

　もちろん、基本的にヘビにちょっかいを出さず、離れて観察すればいいだけではありますが、事故予防や事故後の対応という観点では、そのヘビが「マムシ？」「ヤマカガシ？」「無毒ヘビ？」という3択が運命を分けます。その後の処置にも関わるため、教員や指導者の立場にある方であればなおさら、「ヘビの見分け」は重要な要素となります。

　では、具体的にどう見分ければ良いでしょうか？

　いろいろな方法がありますが、私は比較的網羅できるものとして、「顔を覚える方法」を一つの手法として推奨しています。

・アオダイショウやシマヘビは目の後ろに線が伸びている

➡ヤマカガシのアオダイショウ類似パターンの模様は、
目の後ろに線がない。

・マムシは黒い線の中に目があるような模様をしている

・ヤマカガシの幼蛇（子ども）は首元に黄色い模様がある。

・シマヘビは眉骨が張った感じで、ややにらみ顔になる

などなど、顔をよくみると、それぞれのヘビにそれぞれの顔つきがあります。

当然、個体差もありますが、この顔つきは、色彩変異が起こってもある程度統一されています。なので、ヘビの顔を覚えると、「あ、アオダイショウみたいなシマのない模様だけど、これ、シマヘビだな」というのが、面白いようにわかるようになってくるものです。

事故に遭ってしまったときに、「その咬みついたヘビを殺してでも取っておく」というのも一つのやり方ではありますが、無理をして二度咬まれたり、付き添いの方が咬まれたりなどの二次被害が起こっては元も子もありません。8種のヘビの色彩パターンや地域変化を学んでおくことも重要ですが、いきなり「全てを網羅しろ」というのもハードルが上がるので、まずは「顔つき」を気にしてみると、意外とヘビの種類が見えてくると思います。

もちろん、写真も撮影しておけば完璧ですね。

ぜひ、ヘビと「顔見知り」になって、見分けてみてください。

写真提供／石上文之

ヤマカガシのアオダイショウに類似した色彩変異のタイプ

シマヘビのアオダイショウに類似した色彩変異のタイプ

シマヘビの黒化型タイプ

☠ DANGEROUS CREATURE

# ヤマビル除けには 塩水より虫よけスプレー

　ヤマビルは、本州〜九州の里地から低山帯にかけて生息する環形動物類の一種で、分布はニホンジカの分布域に紐づく傾向があることが知られており、シカの移動や分布拡大に伴って生息エリアが拡大することが懸念されています。私たちも吸血被害を受けることから、登山などの野外活動においてリスクマネジメントとして注目しておきたい危険生物の一つと言えます。

　そんなヤマビルの対策として、古くから「塩水スプレーが予防に効果的」とされていますが、実際のところはどうなのでしょう。その効果を明確に計る例が知られていなかったため、筆者自身がその効果を計る研究を行いました。

　市販の10%のディート、または15%のイカリジンを含む虫除けスプレーでも、塗布直後から8時間後にかけて、ヤマビル専用の忌避剤と同等の100%近い高い忌避効果が確認されました。よってこれらの成分や濃度の虫除けスプレーなら、近場の薬局で手に入る忌避剤でも、ヤマビルに対して十分効果的に働くと考えられます。古くから言われてきた塩水は、飽和食塩水の濃度でも忌避率は50%ほどです。ディートは濃度や年齢によっては小児に対しての使用制限が設けられているため、総合的にヤマビル忌避を目的として使用する薬剤は——**①雨の中でも持続性を持たせ、本気で忌避するならヤマビル専用スプレー　②手に入りやすく扱いやすいのは10%ディート虫除けスプレー　③小児で、ディートの使用制限が気になる環境なら15%イカリジン虫除けスプレー　④薬剤を利用できない場合は食塩水**——これらの選択肢で、その時、最適なものを選ぶのが良いと考えられます。

日本の危険生物

# ハチとヘビ

# 日本で最も死者を出す
# 有毒生物「ハチ」

　リスクマネジメントとして、まず対策を知ってほしい危険生物がハチの仲間です。厚生労働省がまとめる人口動態調査統計では、例年「日本における有毒生物による死亡件数」の第1位がハチの仲間となっており、毎年10〜20件ほどの死亡事例が出ていることが報告されています。

　これは、有毒生物の中では圧倒的に多い存在で、このハチの順位は、1970年代から不動の1位をキープしており、件数こそ減少傾向がありますが、今も昔も、最も死亡事故につながりやすい危険生物として恐れられています。

　死に至るケースは刺された事故の一部ではあります。しかし、それでも刺されれば、当然、痛い目に遭います。

　ハチと言っても全てのハチが危険なわけでもありません。刺される可能性のあるハチは一部に限られます。最も刺されるリスクが高いのは、スズメバチやアシナガバチなどの家族を作って生活する「真社会性」という性質を持つハチの仲間です。この仲間には、スズメバチやアシナガバチのほか、ミツバチやマルハナバチが含まれており、種によって程度の差はあれど、巣を刺激してしまったときに集団で刺される可能性があります。

　これ以外のハチの場合は、集団で襲うということは起こりませんが、ハチだと知らずにつかんでしまえば、刺される事故につながります。

　知ることは最初の事故予防。刺される可能性のあるハチの仲間をいくつか紹介していきましょう。

# オオスズメバチ

ハチ目スズメバチ上科スズメバチ科
*Vespa mandarinia*

**分布** 北海道、本州、四国、九州
**出現時期** 4〜11月
**体長** 26〜44mm程度
**危険度** ★★★★★

**解説** スズメバチ界の世界最大種で、刺されると撃たれたような衝撃的な痛みを伴う。木の洞や地中などの隠れたところに巣をつくる傾向があり、外から巣を見つけ出すのが難しく、それが原因で事故に発展するケースが目立つ。都市部にもいる場合があるが、山地里山に多い。

**応急処置等の対応** 流水で絞り洗いしたら、抗ヒスタミン軟膏を塗る。冷却したのち、経過観察。大型のため毒量も多く、症状が重くなる傾向がある。水洗いは簡単に洗うのではなく、時間をかけてしっかりと洗うと良い。万が一「全身症状」が見られた場合は、病院へ。

💀 **DANGER GUIDE**

| 刺される | 腫れる | 全身症状 |

# コガタスズメバチ

ハチ目スズメバチ上科スズメバチ科
*Vespa analis*

**分布** 北海道、本州、四国、九州
※南西諸島亜種あり

**出現時期** 4〜11月

**体長** 21〜27mm程度

**危険度** ★★★★☆

**解説** 都市部や住宅地といった生活圏でも見られる代表的なスズメバチのひとつ。オオスズメバチよりやや小さい。トックリを逆さまにしたような形の巣を開放的な場所に作るので、民家の軒下などに巣を作られると比較的目立ちやすい。

**✚応急処置等の対応** 流水で絞り洗いしたら、抗ヒスタミン軟膏を塗る。冷却したのち、経過観察。集団に刺されると、その分毒量も多くなるため、症状が重くなる可能性が高まる。安易な駆除は禁物。万が一刺されたら、流水で傷口を絞り洗いし、心配な場合は無理せず病院へ。

☠ **DANGER GUIDE**

| 刺される | 腫れる | 全身症状 |

# キイロスズメバチ

ハチ目スズメバチ上科スズメバチ科
*Vespa simillima*

**分布** 本州、四国、九州
※北海道亜種あり

**出現時期** 4〜11月

**体長** 20〜25mm程度

**危険度** ★★★★★

**解説** 山地から住宅地まで幅広く見られるスズメバチ。オオスズメバチと比べると小さいが、巣の規模は在来のスズメバチの中では最も大きく、抱えるほどのサイズに成長する。7〜8月にかけて引っ越しを行うため、夏場は巣が作られていないかをチェックしておくといい。

**➕応急処置等の対応** 流水で絞り洗いしたら、抗ヒスタミン軟膏を塗る。冷却したのち、経過観察。1カ所の刺傷でも油断はできないが、万が一集団に何カ所も刺されてしまった場合は、全身症状につながるリスクも高くなるため、目安として40〜60分以内は経過観察を怠らないように。

💀 **DANGER GUIDE**

  刺される | 腫れる | 全身症状

13

# ヒメスズメバチ

ハチ目スズメバチ上科スズメバチ科
*Vespa ducalis*

**分布** 本州、四国、九州
※南西諸島亜種あり

**出現時期** 5〜10月

**体長** 25〜35mm

**危険度** ★★★★☆

**解説** 見た目はコガタスズメバチに似ているが、コガタスズメバチが腹部の先端が黄色くなるのに対し、ヒメスズメバチは黒くなる。民家の戸袋などに巣を作られるケースなどが見られる。

💀 **DANGER GUIDE**

刺される 腫れる 全身症状

➕**応急処置等の対応** 流水で絞り洗いしたら、抗ヒスタミン軟膏を塗る。冷却したのち、経過観察。他のスズメバチと同様に、十分な水洗いを行った後、冷却、経過観察(全身症状の有無を確認)を行う。

# モンスズメバチ

ハチ目スズメバチ上科スズメバチ科
*Vespa crabro*

**分布** 北海道、本州、四国、九州

**出現時期** 5〜11月

**体長** 19〜28mm

**危険度** ★★★★☆

**解説** 腹部が「波打つ」ような独特な黒黄の模様をしているスズメバチ。住宅地よりも山地里山に多い傾向がある。7月から8月にかけて引っ越しを行う習性があるため、この時期は突然できる巣に注意。

💀 **DANGER GUIDE**

刺される 腫れる 全身症状

➕**応急処置等の対応** 流水で絞り洗いしたら、抗ヒスタミン軟膏を塗る。冷却したのち、経過観察。他のスズメバチと同様に、十分な水洗いを行った後、冷却、経過観察(全身症状の有無を確認)を行う。

# チャイロスズメバチ

ハチ目スズメバチ上科スズメバチ科
*Vespa dybowskii*

**分布** 北海道、本州

**出現時期** 5〜11月

**体長** 17〜29mm

**危険度** ★★★★☆

**解説** 地味な色をしたスズメバチで、腹部は黒、頭部と胸部が茶色で全体的に黒っぽい。キイロスズメバチなどの女王バチを殺し、巣の乗っ取りをする「社会寄生」と呼ばれる行動をする。

  **DANGER GUIDE**

 刺される  腫れる 全身症状

**応急処置等の対応** 他のスズメバチと同様、十分な水洗いを行った後、抗ヒスタミン軟膏を塗り、冷却したのち、経過観察（全身症状の有無を確認）を行う。

# ツマアカスズメバチ

ハチ目スズメバチ上科スズメバチ科
*Vespa velutina*

**分布** 対馬から拡大中（外来種）

**出現時期** 4〜11月

**体長** 20〜30mm

**危険度** ★★★★☆

**解説** 韓国から移入したとされる外来種。大きさはキイロスズメバチとほぼ同じか少し小さめだが、巣はキイロスズメバチと同じか、時にそれ以上の大きさになる。全国へ分布拡大が懸念されている。

 **DANGER GUIDE**

刺される 腫れる 全身症状

**応急処置等の対応** 他のスズメバチと同様、十分な水洗いを行った後、抗ヒスタミン軟膏を塗り、冷却したのち、経過観察（全身症状の有無を確認）を行う。

# クロスズメバチ

ハチ目スズメバチ上科スズメバチ科
*Vespula flaviceps*

**分布** 北海道、本州、四国、九州
**出現時期** 4〜11月
**体長** 10〜15mm程度
**危険度** ★★★★☆

**解説** 身体が小さく、全身が黒色で目立ちにくいスズメバチ。地面の下などの閉鎖的な空間に巣を作るため、巣があることに気付かず刺されるケースが目立つ。住宅街にいることはまれだが、遠足などでも事故が起こりやすい種なので、ハエなどと誤認しないよう注意。

**✚応急処置等の対応** 流水で絞り洗いしたら、抗ヒスタミン軟膏を塗り、冷却。非常に小さいが、全身症状が出る恐れもあるので、経過観察を行うように。目立ちにくいが故に、何カ所も刺されてしまう事故も。このようなスズメバチがいることを認識しておくことが大切。

💀 **DANGER GUIDE**

| 刺される | 腫れる | 全身症状 |
|---|---|---|

# セグロアシナガバチ

ハチ目スズメバチ上科スズメバチ科
*Polistes jokahamae*

**分布** 本州、四国、九州
※南西諸島亜種あり

**出現時期** 4〜11月

**体長** 16〜24mm程度

**危険度** ★★★★☆

**解説** アシナガバチの中では大型で、「スレンダーなキイロスズメバチ」といった見た目。住宅地から山地里山まで幅広く分布しており、人家や生け垣に巣を作るケースも珍しくない。

 **DANGER GUIDE**

**応急処置等の対応** 基本的な応急処置はスズメバチと同様。流水で絞り洗いし、抗ヒスタミン軟膏を塗り、冷却したのち、経過観察。巣を刺激されると集団で攻撃されるので注意。

# キアシナガバチ

ハチ目スズメバチ上科スズメバチ科
*Polistes rothneyi*

**分布** 北海道、本州、四国、九州 ※南西諸島亜種あり

**出現時期** 4〜11月

**体長** 18〜24mm程度

**危険度** ★★★★☆

**解説** セグロアシナガバチ同様に大型のアシナガバチ。外見上はセグロアシナガバチとは「胸部の後ろ側が黄色くなる」点と、「触角の色合い」が異なっているが、同等の対策で問題ない。

 **DANGER GUIDE**

**応急処置等の対応** 流水で絞り洗いし、抗ヒスタミン軟膏を塗る。冷却したのち、経過観察。スズメバチで全身症状を引き起こしたことがある場合は、アシナガバチでも起こす傾向があるため注意。

# キボシアシナガバチ

ハチ目スズメバチ上科スズメバチ科
*Polistes nipponensis*

**分布** 北海道、本州、四国、九州

**出現時期** 5〜10月

**体長** 13〜17mm程度

**危険度** ★★★★☆

**解説** 巣のマユの蓋が黄色の色合いをしたアシナガバチ。庭木などでアシナガバチの巣を見つけた際、本種であれば、巣の黄色いマユ蓋の色で種を判断しやすい。

**☠ DANGER GUIDE**

刺される　腫れる　全身症状

**➕ 応急処置等の対応** 流水で絞り洗いし、抗ヒスタミン軟膏を塗る。冷却したのち、経過観察。スズメバチで全身症状を引き起こしたことがある場合は、アシナガバチでも起こす傾向があるため注意。

# ホソアシナガバチ類

ハチ目スズメバチ上科スズメバチ科
*Parapolybia*

**分布** 本州、四国、九州

**出現時期** 4〜10月

**体長** 11〜18mm程度

**危険度** ★★★★☆

**解説** 身体の細いアシナガバチの仲間。軽量な巣をつくり、葉の裏に営巣することができる。葉の裏に巣を作る種類がいるのを知るだけでも、ひとつの事故予防となる。

**☠ DANGER GUIDE**

刺される　腫れる　全身症状

**➕ 応急処置等の対応** 流水で絞り洗いしたら、抗ヒスタミン軟膏を塗る。冷却したのち、経過観察。基本的な応急処置はスズメバチと同様。葉の裏で気が付きにくい位置に巣があることがあるので注意。

# ミツバチ類

ハチ目ハナバチ上科ミツバチ科
*Apis*

**分布** 北海道、本州、四国、九州、沖縄

**出現時期** 4〜11月

**体長** 12〜13mm程度

**危険度** ★★★☆☆

**解説** 日本には、在来のニホンミツバチと、養蜂等で利用する輸入されたセイヨウミツバチがいる。基本的には巣を刺激したり、つかんだりしなければ刺されることはない。

💀 **DANGER GUIDE**

| 刺される | 腫れる | 全身症状 |
|---|---|---|

**✚応急処置等の対応** 針を弾きとり、流水で絞り洗い。抗ヒスタミン軟膏を塗り、冷却。刺されると針が傷口に残り、毒が入り続けてしまうため、横からデコピンをするようにして弾きとる。

# クマバチ類

ハチ目ハナバチ上科ミツバチ科
*Xylocopa*

**分布** 北海道、本州、四国、九州、沖縄

**出現時期** 4〜8月

**体長** 20〜22mm程度

**危険度** ★★★☆☆

**解説** ずんぐりむっくりしたハナバチの一種。女王や働きバチといった分業はなく、つかんだりしなければ、基本的に刺されることはない。近年、全身が黒い外来種のタイワンタケクマバチも増加傾向。

▼写真提供／光畑雅宏

💀 **DANGER GUIDE**

| 刺される | 腫れる | 全身症状 |
|---|---|---|

**✚応急処置等の対応** 流水で絞り洗いしたら、抗ヒスタミン軟膏を塗る。冷却したのち、経過観察。基本的に刺されることはないが、もし刺されてしまった場合は、他のハチ同様に処置を行う。

# コマルハナバチ

ハチ目ハナバチ上科ミツバチ科
*Bombus (Pyrobombus) ardens*

**分布** 本州、四国、九州
※北海道亜種あり

**出現時期** 4〜10月

**体長** 10〜18mm程度

**危険度** ★★★☆☆

**解説** ずんぐりむっくりしたハナバチ。地中の穴などを利用して巣を作る。非常におとなしく、基本的に刺されることはないが、刺す能力がある虫であることを知っておくと良い。

▼写真提供／光畑雅宏

**DANGER GUIDE**

| 刺される | 腫れる | 全身症状 |
|---|---|---|

**応急処置等の対応** 流水で絞り洗いしたら、抗ヒスタミン軟膏を塗る。冷却したのち、経過観察。基本的に刺されることはないが、もし刺されてしまった場合は、他のハチ同様に処置を行う。

---

# トラマルハナバチ

▼写真提供／光畑雅宏

ハチ目ハナバチ上科ミツバチ科
*Bombus(Diversobombus) diversus*

**分布** 本州、四国、九州
※北海道亜種あり

**出現時期** 4〜11月

**体長** 10〜22mm程度

**危険度** ★★★☆☆

**解説** オレンジ色をしたマルハナバチの一種。コマルハナバチ同様に刺す能力はあるが、基本的にはスズメバチのような集団で刺される事故にはならないため、つかまずにそっと観察している分には問題ない。

**DANGER GUIDE**

| 刺される | 腫れる | 全身症状 |
|---|---|---|

**応急処置等の対応** 流水で絞り洗いしたら、抗ヒスタミン軟膏を塗る。冷却したのち、経過観察。基本的に刺されることはないが、もし刺されてしまった場合は、他のハチ同様に処置を行う。

# ジガバチ類

ハチ目ハナバチ上科アナバチ科
*Sphecidae*

**分布** 北海道、本州、四国、九州、沖縄

**出現時期** 6〜10月

**体長** 20〜30mm程度

**危険度** ★★★☆☆

**解説** 地面に穴を掘り、獲物を運び込んで卵を産み付けて幼虫を育てる。穴を掘る際に「ジガジガ」という独特な音を出すのが名前の由来。つかんだりしなければ基本的に刺されない。

**DANGER GUIDE**

| 刺される | 腫れる | 全身症状 |

**応急処置等の対応** 流水で絞り洗いしたら、抗ヒスタミン軟膏を塗る。冷却したのち、経過観察。基本的に刺されることはないが、もし刺されてしまった場合は、他のハチ同様に処置を行う。

# スズバチ

ハチ目スズメバチ上科ドロバチ科
*Oreumenes decoratus*

**分布** 北海道、本州、四国、九州

**出現時期** 7〜9月

**体長** 18〜30mm程度

**危険度** ★★☆☆☆

**解説** 腹部が独特な形をしたドロバチの仲間。壁などに泥で作られた小さな巣を作り、そこに幼虫のためのエサを用意してしまっておく。つかんだりしなければ基本的に刺されない。

**DANGER GUIDE**

| 刺される | 腫れる | 全身症状 |

**応急処置等の対応** 流水で絞り洗いしたら、抗ヒスタミン軟膏を塗る。冷却したのち、経過観察。基本的に刺されることはないが、もし刺されてしまった場合は、他のハチ同様に処置を行う。

# ハチとヘビ

## オオハリアリ

ハチ目スズメバチ上科アリ科
*Brachyponera chinensis*

**分布** 本州、四国、九州、沖縄

**出現時期** 4～11月

**体長** 3～4mm程度

**危険度** ★★☆☆☆

**解説** 針を持つアリの仲間で、北海道を除き、住宅地近くの身近な緑地などでも生息している普通種。積極的に襲ってくることもないが、捕まえた際に刺される例がある。

💀 **DANGER GUIDE**

➕ **応急処置等の対応** 流水で絞り洗いしたら、抗ヒスタミン軟膏を塗り、冷却。一般的には軽傷で済むが、ハチと同様の応急処置を行うと、症状の緩和が期待できる。

## ヒアリ

ハチ目スズメバチ上科アリ科
*Solenopsis invicta*

**分布** 国内定着未確認（2022年12月現在）

**出現時期** 日本においては3～11月頃が主な活動時期と考えられる

**体長** 2～6mm程度

**危険度** ★★★★★

**解説** 南米中部原産の世界各国に分布を拡大する外来アリ。一度定着すると根絶が困難なため警戒されている。他国では、公園や草地などの開放的な場所への営巣が確認されている。

💀 **DANGER GUIDE**

➕ **応急処置等の対応** 流水で絞り洗いしたら、抗ヒスタミン軟膏を塗る。冷却したのち、経過観察。巣を刺激した場合は集団に何カ所も刺されることがある。ひどい場合は病院へ。

# 日本で死者数が2番目に多い有毒生物「ヘビ」

　日本に生息するヘビの仲間は、約50種とされています。しかし、ほとんどは南西諸島に生息しているヘビであり、日本の国土の大半となる北海道から九州には、たったの8種しか生息していません（対馬のみに生息するツシママムシを除く）。しかしそんな種数の少ないヘビが、日本で死者の多い有毒生物の「第2位」となっています。

　とはいえ、全てのヘビが毒を持つわけでもありません。毒ヘビの中でも、最も死者数が多いとされるのは「マムシ」です。マムシ咬症は、全国で年間1000～3000件が発生しているとされ、必ずしも死に直結するものではないものの、基本的には入院が必要となり、重症の場合は組織障害や腎機能障害などの後遺症を残す可能性もあるため、決して油断はできません。

　一方で、無毒ヘビであれば、過度に心配する必要はありません。無毒のヘビの場合も、咬まれたときに歯が刺さってケガはします。しかし、ハチに刺されたときと比べれば圧倒的に軽傷で、傷口から雑菌が入った結果起こりうる二次的な症状を除けば、基本的には自然治癒で済みます。つまり「毒ヘビか無毒ヘビか」の差は、時に命に関わるほど大きな差と言えます。ヘビの種類が全てわからなくとも、「毒ヘビ」と「無毒ヘビ」を見分けられるスキルは、危険生物のリスクマネジメント上、とても大切です。

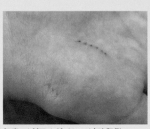

無毒ヘビ（アオダイショウ）咬傷例

写真提供／増尾優悟

# ニホンマムシ

有鱗目クサリヘビ科
*Gloydius blomhoffii*

**分布** 北海道、本州、四国、九州

**出現時期** 3〜11月

**体長** 30〜60cm程度

**危険度** ★★★★★

**解説** 日本の国土のほとんどに生息する代表的な毒ヘビ。茶色をベースにして、小銭をちりばめたような「銭型模様」と呼ばれる模様をしており、地域により赤茶色、灰色、黒色などの変異がある。基本的に動かない待ち伏せ型の狩りをするヘビなので、誤って踏んだりしないように。

**➕応急処置等の対応** 流水で傷口を絞り洗いするのが有効とされる。しかし、近年の研究で、「走ってでも早く病院に行って治療を開始できた方が、症状が緩和される傾向がある」結果が見られたため、応急処置も大切だが、何よりも急いで病院で治療を受けることが大切。

**💀 DANGER GUIDE**

咬まれる　腫れる

# ヤマカガシ

有鱗目ナミヘビ科
*Rhabdophis tigrinus*

**分布** 本州、四国、九州
**出現時期** 4〜11月
**体長** 70〜150cm程度
**危険度** ★★★★★

**解説** 北海道と沖縄を除いた全国に分布する普通種で、水田環境周辺でよく見かける。東日本に生息する個体は赤色がはっきりする鮮やかな模様が多いが、地域によっては赤みが少なかったり、真っ黒だったりと、色の変異が見られる。無毒ヘビと間違えるケースも多いので注意。

**✚応急処置等の対応** 非常におとなしい性格だが、毒はマムシよりも強く、適切な治療を受けないと死に至る可能性がある。見つけても決して刺激をしないことが大切。毒が入ってもすぐに毒の自覚症状が出ない傾向があるため、そのままにせず、万が一咬まれた場合は、必ず病院へ。

☠ **DANGER GUIDE**

| 咬まれる | 脳出血 | 内臓出血 | 等 |
|---|---|---|---|

25

# ハブ

有鱗目クサリヘビ科
*Protobothrops flavoviridis*

| | |
|---|---|
| **分布** | 沖縄 |
| **出現時期** | 1〜12月 |
| **体長** | 100〜200cm程度 |
| **危険度** | ★★★★★ |

**解説** 奄美大島、沖縄本島などの南西諸島の一部に生息する毒ヘビ。非常に大型で2m半におよぶものもいる。農地のほか、川沿いなどの水辺環境を中心に見られ、生息地では毎年のように咬まれる被害が発生している。狭い隙間にも入り込めるので、注意が必要。

**➕応急処置等の対応** 口の前側についた1.4cmほどの毒牙を使って、毒を相手の体に注入する。体が大きいため毒量も多く、放っておくと重症化するので、咬まれたら確実に病院へ行くように。傷口の流水絞り洗いも大切だが、何よりも早く治療を開始できるよう急いで病院へ。

💀 **DANGER GUIDE**

| 咬まれる | 腫れる | 咬症部の壊死 |
|---|---|---|

# サキシマハブ

有鱗目クサリヘビ科
*Protobothrops elegans*

**分布** 沖縄

**出現時期** 1～12月

**体長** 60～120cm程度

**危険度** ★★★★★

**解説** 石垣島や西表島など
の南西諸島の一部に生息す
るハブの仲間。ホンハブよ
りも小型で、模様には様々
なパターンがある。森の中
や茂み、林道など、自然の
中を歩くときは注意が必要。

💀 **DANGER GUIDE**

**➕応急処置等の対応** ホンハブ同様に毒ヘビなので、
咬まれると毒牙から毒を注入され、痛みや腫れに襲わ
れる。ホンハブに比べると毒も弱く量も少ないが、咬
まれたら一刻も早く病院へ行くように。

# タイワンハブ

有鱗目クサリヘビ科
*Protobothrops
mucrosquamatus*

**分布** 沖縄

**出現時期** 1～12月

**体長** 70～120cm程度

**危険度** ★★★★★

**解説** ショーや薬への使用
を目的に70年代から90年
代にかけて輸入されていた
が、逃げ出すなどして定着
した外来種。在来種との競
合や咬症被害といった影響
が発生している。

💀 **DANGER GUIDE**

**➕応急処置等の対応** ホンハブ同様に、咬まれたら確
実に病院へ行くように。傷口の流水絞り洗いも大切だ
が、何よりも早く治療を開始できるよう、一刻も早く
病院へ行けるよう努める。

# ヒメハブ

有鱗目クサリヘビ科
*Ovophis okinavensis*

**分布** 沖縄
**出現時期** 1〜12月
**体長** 30〜80cm程度
**危険度** ★★★★☆

**解説** 南西諸島の一部に生息する小型のハブで、やや大型の個体を除いては、およそマムシと同等の大きさ。主にカエル類を捕食するため、水辺に集まることが多い。比較的寒さに強い傾向があり、冬季でも他のヘビに比べて目にしやすい。

**応急処置等の対応** 他の毒ヘビ同様に流水での絞り洗いが有効とされる。ヒメハブは、ホンハブに比べると毒が弱く量も少ないため、死に至る可能性については低い。しかし、毒ヘビであることは変わらないため、咬まれた場合は、一刻も早く病院へ行くように。

☠ **DANGER GUIDE**

咬まれる　腫れる

# ウミヘビ類

有鱗目コブラ科
*Hydrophiinae*

**分布** 沖縄
**出現時期** 1〜12月
**体長** 70〜150cm程度
**危険度** ★★★★★

**解説** 海に生息することで有名な毒ヘビ。南西諸島でダイビングなどをすると海中で出会うことがあるほか、島によっては海岸線の岩場などで陸に上がって休んでいる場合がある。おとなしい性格のため、基本的にウミヘビから襲ってくることはない。

**応急処置等の対応** ウミヘビ類はコブラ科に属するヘビで、毒が極めて強く、咬まれると短時間で呼吸困難や血圧降下などを引き起こし、死に至る危険がある。刺激しないことが前提だが、万が一咬まれた場合は一刻を争うため、すぐに陸に上がって病院へ行くように。

**DANGER GUIDE**

| 咬まれる | 呼吸困難 | 血圧降下 | 麻痺 |

# ガラスヒバァ

有鱗目ナミヘビ科
*Hebius pryeri*

**分布** 沖縄

**出現時期** 1〜12月

**体長** 75〜100cm程度

**危険度** ★☆☆☆☆

**解説** 南西諸島の一部に生息する小型のヘビで、カエルや小型の魚類を捕食する。毒をもつことが知られているが、人に対する深刻な咬症被害の例はなく、基本的には心配いらない。

 💀 **DANGER GUIDE**

咬まれる

➕ **応急処置等の対応** 深刻な咬症例の報告はないが、毒はあるため、咬まれた場合は流水で傷口の絞り洗いを行うと良い。死に直結した報告例はないが、やや止血しにくい傾向が見られた例もある。心配な場合は病院へ。

---

# アカマタ

有鱗目ナミヘビ科
*Lycodon semicarinatus*

**分布** 沖縄

**出現時期** 1〜12月

**体長** 80〜170cm程度

**危険度** ★★☆☆☆

**解説** 大型の無毒ヘビ。手を出せばほぼ咬みついてくるくらい荒い性格で、威嚇のために独特の体臭を放つ。トカゲやカエルのほか、小型のハブを捕食することも知られている。

 💀 **DANGER GUIDE**

咬まれる

➕ **応急処置等の対応** 毒がないため、毒自体による影響は心配ないが、ヘビ自体が大型のため、咬まれた際には一定の痛みや傷を負う。傷を負ったら、傷口をしっかりと水洗いして清潔にしておくように。

# アオダイショウ

有鱗目ナミヘビ科
*Elaphe climacophora*

**分布** 北海道、本州、四国、九州

**出現時期** 4〜11月

**体長** 100〜180cm程度

**危険度** ★☆☆☆☆

**解説** 日本のヘビとして最も有名であろう代表種。最大で180cm代に及ぶ大型種だが、毒はなく、性格も比較的おとなしいものが多い。鳥やネズミ、カエルなどを捕食する。

**☠ DANGER GUIDE**

咬まれる

**➕応急処置等の対応** 細かく鋭い歯を持っているため、咬まれると点線状に歯形がつき、粒状に出血する。雑菌による二次的な被害を防ぐため、しっかりと水で洗っておけば心配ない。

# シマヘビ

有鱗目ナミヘビ科
*Elaphe quadrivirgata*

**分布** 北海道、本州、四国、九州

**出現時期** 4〜11月

**体長** 80〜150cm程度

**危険度** ★☆☆☆☆

**解説** 全身に縞模様があることからこの名が付いたが、地域によっては「縞薄め」、「縞なし」、「真っ黒」など、名前にそぐわない模様の変異がある。水田環境周辺で遭遇することが多い。

**☠ DANGER GUIDE**

咬まれる

**➕応急処置等の対応** 無毒のため、他の無毒ヘビ同様に水洗いすれば問題ない。シマヘビの色彩変異の中には、毒ヘビのヤマカガシの変異型と近い模様の場合もあるので、注意するように。

# ジムグリ

有鱗目ナミヘビ科
*Euprepiophis conspicillatus*

**分布** 北海道、本州、四国、九州

**出現時期** 4〜11月

**体長** 70〜100cm程度

**危険度** ★☆☆☆☆

**解説** 全身が茶色〜赤茶色をした無毒のヘビ。地面に潜ることが得意で、ネズミやモグラなどを捕食している。どちらかというと山地に多い傾向があり、人家近くで見られることは稀。

**☠ DANGER GUIDE**

咬まれる

**➕応急処置等の対応** 基本的にはこちらからちょっかいを出さなければ、向こうから襲ってくることはない。無毒のため毒の影響を受けることもなく、他の無毒ヘビ同様に傷口を水洗いすれば問題ない。

# シロマダラ

有鱗目ナミヘビ科
*Lycodon orientalis*

**分布** 北海道、本州、四国、九州

**出現時期** 4〜11月

**体長** 30〜70cm程度

**危険度** ☆☆☆☆☆

**解説** タカチホヘビ同様に、通常見かけることは少ない夜行性の無毒ヘビ。トカゲなどの小型爬虫類を捕食しており、白と黒のまだら模様で細長い体型をしている。

**☠ DANGER GUIDE**

咬まれる

**➕応急処置等の対応** 遭遇することは稀で、襲ってくることもなく、また非常に小型であり毒もないため、基本的に心配は不要。毒もなく歯も小さいため、咬まれても傷を負うことはほとんどない。

# ヒバカリ

有鱗目ナミヘビ科
*Hebius vibakari*

**分布** 本州、四国、九州

**出現時期** 4〜11月

**体長** 40〜60cm程度

**危険度** ☆☆☆☆☆

**解説** 背面は茶色で首元に白い線の模様が入った小型の無毒ヘビ。田んぼや、住宅地近くの緑地などでも見られ、オタマジャクシや小魚を捕食する。おとなしく、ほとんど咬みついてくることはない。

💀 **DANGER GUIDE**

咬まれる

**応急処置等の対応** ヒバカリは体サイズも小さいため、咬まれても歯が引っ掛かる程度で、出血を伴う被害に及ぶことは基本的にない。もし傷を負った場合でも、水洗いすれば問題ない。

# タカチホヘビ

有鱗目タカチホヘビ科
*Achalinus spinalis*

**分布** 本州、四国、九州

**出現時期** 4〜11月

**体長** 30〜60cm程度

**危険度** ☆☆☆☆☆

**解説** 夜行性で、普段見かけることはほとんどない非常に珍しい無毒ヘビ。ミミズを捕食するため、雨天後に見られる傾向があるほか、石灰岩地層の地域に多い傾向があるとされている。

💀 **DANGER GUIDE**

咬まれる

**応急処置等の対応** 出会えることも稀で、向こうから襲ってくることもなく、また非常に小型であり毒もないため、基本的に心配は不要。もし傷を負った場合でも、水洗いすれば問題ない。

日本の危険生物

# そのほかの
# 陸上動物

# ブユ類

ハエ目ブユ科
*Simuliidae*

**分布** 北海道、本州、四国、九州、沖縄

**出現時期** 3〜10月

**体長** 2〜5mm程度

**危険度** ★★★☆☆

**解説** ブヨ、ブトとも呼ばれるハエの仲間。広く全国で見られ、一部の吸血性の種が、朝夕の涼しい時間帯を中心に活動し、吸血被害を及ぼす。キャンプ場や清流などで遭遇することが多い。刺されるとアレルギー性の腫れやかゆみを引き起こす。

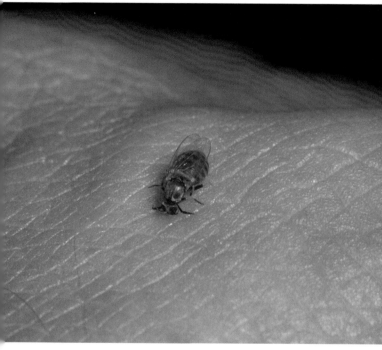

**応急処置等の対応** 刺された後は、なるべく早く水で絞り洗いをし、抗ヒスタミン軟膏を塗る。その後の腫れ方には個人差があるため、体質によっては非常に大きく腫れることがある。辛い場合は無理せず病院へ行くといい。

 DANGER GUIDE

 吸血  腫れる  かゆみ

# ウシアブ

ハエ目アブ科
*Tabanus trigonus*

**分布** 北海道、本州、四国、九州

**出現時期** 6〜9月

**体長** 17〜25mm程度

**危険度** ★★★☆☆

**解説** 体長が2cm前後もある大型のアブ。住宅地ではあまり見ないが、山地や里山環境では遭遇することがある。ウシの血を吸うことが名前の由来だが、人にも吸血被害を及ぼす。

**DANGER GUIDE** 吸血 腫れる かゆみ

**応急処置等の対応** ブユと同様に、刺傷後は水で絞り洗いをし、抗ヒスタミン軟膏を塗る。洗う際は、時間をかけてしっかり行うことで、冷却効果も相まって痛みや腫れを抑える効果が期待できる。

---

# アカウシアブ

ハエ目アブ科
*Tabanus chrysurus*

**分布** 北海道、本州、四国、九州

**出現時期** 7〜8月

**体長** 23〜30mm程度

**危険度** ★★★☆☆

**解説** オレンジ色をした大型ウシアブで、飛ぶ姿はキイロスズメバチと混同しやすい。吸血のために寄ってくるので、通りすがりのハチ以上に、執拗に周囲を付きまとってくることも。

**DANGER GUIDE** 吸血 腫れる かゆみ

**応急処置等の対応** ウシアブと同様に水での絞り洗いと抗ヒスタミン軟膏の塗布が有効。体質によって腫れやかゆみなどの症状が強く出る場合もあるので、辛い場合は無理せず病院を受診すると良い。

# ヒトスジシマカ

ハエ目カ科
*Aedes albopictus*

**分布** 本州、四国、九州、沖縄

**出現時期** 5～10月

**体長** 4～5mm程度

**危険度** ★★★☆☆

**解説** もともとは藪が多い緑地帯や山に多い傾向のあった通称「ヤブカ」。黒と白の縞が特徴的で、近年では、冬も温かい建物等の熱を上手く利用し、都市部でも見られることが増えてきている。

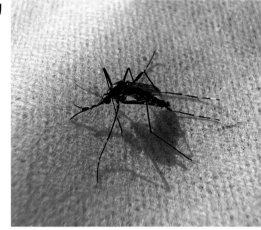

 **DANGER GUIDE**

 吸血 かゆみ 感染症

**■応急処置等の対応** 水で絞り洗いをし、抗ヒスタミン軟膏を塗る。特に、水道水での患部洗浄は冷却もできるため、腫れやかゆみを抑える効果が期待できる。本種はデング熱やジカ熱を媒介することでも知られる。

# ヌカカ類

ハエ目ヌカカ科
*Ceratopogonidae*

**分布** 北海道、本州、四国、九州、沖縄

**出現時期** 4～9月

**体長** 1～2mm程度

**危険度** ★★★☆☆

**解説** 「糠（ぬか）のように小さな蚊」という意味から名付けられた吸血性の昆虫。川沿いや海沿いなどで大量に発生して、血を吸われ、赤い発疹が多数できる被害が起こるケースがある。

 **DANGER GUIDE**

 吸血 かゆみ

**■応急処置等の対応** 刺されるとかゆみを伴う赤い発疹が現れる。カと同様に、水で絞り洗いすることで症状の緩和が期待できるため、気付いたら速やかに洗浄するといい。抗ヒスタミン軟膏も有効。

# イラガ類

チョウ目イラガ科
*Limacodidae*

**分布** 北海道、本州、四国、九州、沖縄

**出現時期** 7〜10月

**体長** 10〜25mm程度

**危険度** ★★★☆☆

**解説** 住宅地や、近隣の公園などでも出会う可能性のあるガの仲間。全身がサボテンのような見た目で、サクラ、ケヤキ、ヤマボウシなど、街路樹や庭木として植えられる樹種につく。卵型のマユを残すため、その有無で、過去にイラガが多くいたかどうかをある程度判別できる。

**応急処置等の対応** 幼虫のトゲに毒があり、触ると強い痛みを伴うが、痛みは数時間以内に収まることが多い。刺されたら粘着テープで毒棘（どくきょく）を除去し、水洗いして、抗ヒスタミン軟膏を塗る。

 **DANGER GUIDE**

 刺される　腫れる　かゆみ

# ヒロヘリアオイラガ

チョウ目イラガ科
*Parasa lepida*

**分布** 本州、四国、九州、沖縄

**出現時期** 6〜10月

**体長** 10〜23mm程度

**危険度** ★★★☆☆

**解説** 幼虫は全身が緑で、青い筋模様が入った鮮やかな色合いをしている。公園などのサクラの木で見られることが多い。本種は他のイラガと異なり、マユにも毒があるため、触れないように。

**応急処置等の対応** もし触れてしまった場合は、他のイラガ類と同様に粘着テープで毒棘を除去し、水洗いして、抗ヒスタミン軟膏を塗る。水洗いはさっと洗うのではなく、念入りに洗うと良い。

**DANGER GUIDE**

 刺される  腫れる かゆみ

# チャドクガ

チョウ目ドクガ科
*Arna pseudoconspersa*

**分布** 本州、四国、九州

**出現時期** 5〜10月

**体長** 10〜25mm程度

**危険度** ★★★☆☆

**解説** ツバキやサザンカなどのツバキ科の植物につくドクガの仲間。都市公園や住宅地に植えられているツバキで見られることも珍しくなく、時に大発生することもある。毒針毛（どくしんもう）が風に乗って飛ぶため、触らずに被害に遭うことがほとんど。

**➕応急処置等の対応** 受傷すると、かゆみをともなう赤い発疹が出るが、数時間経ってから発症することが多い。イラガ同様、粘着テープ、水洗い、抗ヒスタミン軟膏で処置し、衣服に飛散した毒針毛はアイロンや熱湯で無毒化できる。

☠ **DANGER GUIDE**

刺される　かゆみ

# モンシロドクガ

チョウ目ドクガ科
*Sphrageidus similis*

**分布** 北海道、本州、四国、九州

**出現時期** 5〜10月

**体長** 10〜25mm

**危険度** ★★★☆☆

**解説** ヤナギやシラカバなどにつくドクガの仲間。都心部よりも山地や里山などで発生することが多く、住宅地で見かけることは稀。触れないよう要注意。

💀 **DANGER GUIDE**
刺される　かゆみ

✚**応急処置等の対応** もし触れてしまった場合は、まずは他の毛虫類同様に粘着テープで毒毛を除去。さらに水洗いして、抗ヒスタミン軟膏を塗る。水洗いは念入りに洗うと良い。

---

# マツカレハ

チョウ目カレハガ科
*Dendrolimus spectabilis*

**分布** 北海道、本州、四国、九州、沖縄

**出現時期** 6〜10月

**体長** 60〜70mm程度

**危険度** ★★★☆☆

**解説** 全身が地味な銀色で、松の枝によく擬態するカレハガの仲間。幼虫（毛虫）のほか、マユにも毒針毛があるため、触れると被害に遭う。近縁種にタケカレハ、クヌギカレハなどがいる。

💀 **DANGER GUIDE**
刺される　かゆみ

✚**応急処置等の対応** もし触れてしまった場合は、まずは他の毛虫類同様に粘着テープで毒毛を除去。さらに水洗いして、抗ヒスタミン軟膏を塗る。水洗いは念入りに洗いたい。

# アオカミキリモドキ

コウチュウ目カミキリモドキ科
*Xanthochroa waterhousei*

**分布** 北海道、本州、四国、九州、沖縄

**出現時期** 6〜9月

**体長** 10〜16mm程度

**危険度** ★★★☆☆

**解説** 鮮やかな緑とオレンジ色が特徴。体液にカンタリジンという毒をもち、触ると火傷のような症状を引き起こす。日中は花、夜間は灯りに集まっているところに遭遇することが多い。つぶされた際に、鞘翅（さやばね）や跗節（ふせつ）の先端から出す、少量の毒体液に注意。

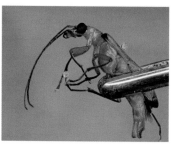

**➕応急処置等の対応** 水洗いをして、抗ヒスタミン軟膏を塗る。誤ってつぶしたりしないよう注意が必要。体液がつくと、後に火傷のような症状を引き起こすため、早急に水洗いをするように。

💀 **DANGER GUIDE**

**火傷のような皮膚炎**

# ツチハンミョウ類

コウチュウ目ツチハンミョウ科
*Meloidae*

**分布** 北海道、本州、四国、九州

**出現時期** 3〜9月

**体長** 9〜25mm程度

**危険度** ★★★☆☆

**解説** 青光りするアリのような見た目のコウチュウの仲間。触れると黄色い体液を分泌する。この体液にはアオカミキリモドキと同じカンタリジンを含んでいる。

💀 **DANGER GUIDE**

**火傷のような皮膚炎**

➕**応急処置等の対応** 水洗いをして、抗ヒスタミン軟膏を塗る。体液がつくと、後に火傷のような症状を引き起こすため、早急に水洗いを行う。さっと洗うのではなく、しっかりと洗い流すようにするといい。

# ヒラズゲンセイ

コウチュウ目ツチハンミョウ科
*Cissites cephalotes*

**分布** 本州、四国、九州、沖縄

**出現時期** 6〜8月

**体長** 18〜30mm程度

**危険度** ★★★☆☆

**解説** 全身が赤色の大きな顎が印象的なコウチュウの仲間。西日本側の一部を中心に生息している。キムネクマバチの巣を利用するため、クマバチの巣の周辺で見られることが多い。

💀 **DANGER GUIDE**

**火傷のような皮膚炎**

➕**応急処置等の対応** 体液にカンタリジンを含むため、付着すると後に火傷のような症状を引き起こす。体液がついた際は、早急に水でしっかり洗い流し、抗ヒスタミン軟膏を塗る。

# マメハンミョウ

コウチュウ目ツチハンミョウ科
*Epicauta gorhami*

**分布** 本州、四国、九州
**出現時期** 7〜8月
**体長** 14〜18mm程度
**危険度** ★★★☆☆

**解説** 頭が赤、体が黒（または白ラインの入った黒色）という特徴的な姿のコウチュウの仲間。幼虫はイナゴの卵を捕食し、成虫は大豆や小豆のほか、ナスなどを食害する。通常、どこででもみられるものではないが、食害する作物がある畑の近くでは、時に高密度で生息していることがある。

**応急処置等の対応** 水洗いをして、抗ヒスタミン軟膏を塗る。体液にカンタリジンを含むため、付着すると後に火傷のような症状を引き起こす。体液がついた際は、早急に水洗いを行い、しっかりと洗い流すようにすると良い。

☠ **DANGER GUIDE**

**火傷のような皮膚炎**

44

# アオバアリガタハネカクシ

コウチュウ目ハネカクシ科
*Paederus fuscipes*

**分布** 北海道、本州、四国、九州、沖縄

**出現時期** 4〜10月

**体長** 7mm程度

**危険度** ★★★☆☆

**解説** 体液にペデリンという毒をもつハネカクシの仲間。身体が細いため目立ちにくい。都心部では少ないが、ある程度の自然が多い場所であれば、花壇の中などで見つかることもあるほか、夜間に自動販売機やトイレなどの明かりに集まってくることがある。

**応急処置等の対応** 水洗いをして、抗ヒスタミン軟膏を塗る。手や腕についた際などに、誤ってつぶしたりしないよう注意が必要。体液がつくと、後に火傷のような症状を引き起こすため、早急に水洗いをするように。

☠ **DANGER GUIDE**

火傷のような
皮膚炎

# マダニ類

ダニ目マダニ科
*Ixodidae*

**分布** 北海道、本州、四国、九州、沖縄

**出現時期** 3〜11月

**体長** 1〜5mm程度

**危険度** ★★★★★

**解説** 日本全国どこにでもいる吸血性のダニの仲間。主に哺乳類の血液を吸うが、ヘビなど、哺乳類以外での吸血例もある。SFTSなど、治療法の確立していない感染症を媒介するため恐れられており、感染症予防としてはマダニに咬まれないことが最も有効である。

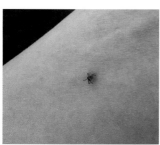

**✚応急処置等の対応** 毛抜きなどでマダニの頭をつかんで回し取り、水洗い。かゆみのある場合は、抗ヒスタミン軟膏を塗り、経過観察。早期に対応した方が除去しやすい。どうしても取れない場合や刺された後で発熱などが見られた場合は病院へ。

☠ **DANGER GUIDE**

吸血　かゆみ　感染症

# オオムカデ類

オオムカデ目オオムカデ科
*Scolopendromorpha*

**分布** 本州、四国、九州、沖縄
※北海道の一部に記録あり

**出現時期** 1～12月

**体長** 7～20cm程度

**危険度** ★★★★☆

**解説** 本州以南に生息するトビズムカデや南西諸島に生息するリュウジンオオムカデなどの比較的大型のムカデ。いずれも温かい時期を中心に活動しており、積極的に人を襲うことはないが、時に室内に侵入するなどして咬まれる被害が発生することがある。

**応急処置等の対応** 水かお湯で絞り洗いし、抗ヒスタミン軟膏を塗り、冷却して経過観察。咬まれると強い痛みを伴い、赤く腫れあがる。応急処置としてはすぐに用意できる水洗いが基本だが、お湯洗いを推奨する説もある。体質によってはハチのような全身症状を起こす場合がある。

☠ **DANGER GUIDE**

| 咬まれる | 腫れる | 全身症状 |

# カバキコマチグモ

クモ目フクログモ科
*Chiracanthium japonicum*

**分布** 北海道、本州、四国、九州
**出現時期** 6〜9月
**体長** 8〜15mm程度
**危険度** ★★★☆☆

**解説** 沖縄を除いた日本全国に広く分布する在来の毒グモで、イネ科の葉を巻いて巣を作る。山間部の草原環境などで見られる。草刈り時や巻いた葉を広げた際に咬まれた事例があるほか、夜間に室内に入り込んだ個体に咬まれた例も報告されている。

**応急処置等の対応** 水で絞り洗いし、抗ヒスタミン軟膏を塗り、腫れが酷ければ冷却。痛みの程度や持続時間に関しては個人差が大きいが、一般的には軽傷で、数日で軽快するとされる。万が一、全身症状が出た場合は病院へ。

☠ **DANGER GUIDE**

| 咬まれる | 腫れる | 全身症状 |

# セアカゴケグモ

クモ目ヒメグモ科
*Latrodectus hasseltii*

**分布** 北海道、本州、四国、九州、沖縄

**出現時期** 1～12月

**体長** 4～10mm程度

**危険度** ★★★☆☆

**解説** 1995年に国内初記録となった外来グモ。原産はオーストラリアと考えられている。積み荷などにつくため、駐車場やサービスエリアなどでは、密度が高く生息している場合がある。一般的には5～10月頃に多く見られるが、暖かい場所では冬季にも見られることも。

**応急処置等の対応** 水で絞り洗いし、抗ヒスタミン軟膏を塗り、腫れが酷ければ冷却。咬まれると、最初は痛みが少なくても徐々に痛みが増してくる傾向が見られる。一般的には軽症で済むが、吐き気などの症状が出る場合は病院へ。

💀 **DANGER GUIDE**

| 咬まれる | 腫れる | 全身症状 |

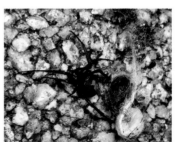

# ヨコヅナサシガメ

カメムシ目サシガメ科
*Agriosphodrus dohrni*

**分布** 本州、四国、九州

**出現時期** 1〜12月

**体長** 16〜24mm程度

**危険度** ★★★☆☆

**解説** 九州では1930年代、関東では1990年代に侵入して定着した、中国やインド原産の外来種。身近なところでは老齢のサクラ並木のゴツゴツとした樹皮の隙間などに潜んでいるところが多く見られ、冬でも樹名板の裏などで多数集まっているところを観察できる。

**➕応急処置等の対応** 水で絞り洗いし、抗ヒスタミン軟膏を塗る。不用意につかむと、小型の昆虫などの体液を吸う鋭い口器で刺してくることがある。刺されると強い痛みを伴うほか、体質によって、その後強いかゆみがでる場合がある。

💀 **DANGER GUIDE**

刺される｜腫れる｜かゆみ

# ミイデラゴミムシ

コウチュウ目ホソクビゴミムシ科
*Pheropsophus jessoensis*

**分布** 北海道、本州、四国、九州

**出現時期** 5〜10月

**体長** 11〜18mm程度

**危険度** ☆☆☆☆☆

**解説** 腹部先端から高熱のガスを噴射することで有名なゴミムシの仲間。幼虫がケラの卵を捕食するため、主に水田環境の周辺で見られる。主に夜間の活動中に遭遇することが多い。

💀 **DANGER GUIDE**

**➕応急処置等の対応** 刺激した際に出す噴出物が皮膚に付着すると刺激感を生じるほか、褐色の色素沈着が起こる。しかし、数日で薄れていくので、被害に遭ったら軽い水洗いで問題ない。

# ヤエヤマサソリ

サソリ目ヘミスコルピウス科
*Liocheles australasiae*

**分布** 沖縄

**出現時期** 1〜12月

**体長** 20〜30mm程度

**危険度** ★☆☆☆☆

**解説** 温かい時期を中心に、一年中見られる日本のサソリ。尾に毒を持つが、弱毒で攻撃性も低いため、基本的に実質的な被害は生じない。

💀 **DANGER GUIDE**

**➕応急処置等の対応** 水洗いの後、抗ヒスタミン軟膏を塗る。刺されると軽い痛みを伴う発疹が生じるが、数時間で軽快する。

# ヤシガニ

十脚目オカヤドカリ科
*Birgus latro*

**分布** 沖縄

**出現時期** 1〜12月

**体長** 30〜40cm程度

**危険度** ★★★★☆

**解説** 熱帯から亜熱帯に生息する大型のヤドカリの仲間。雑食性で、南西諸島ではアダンなどの植物や、動物の死肉などをエサとする。非常に大きなハサミをもち、挟まれると危険。

**DANGER GUIDE**

挟まれる

**！遭遇した場合** 大きなハサミは大変力が強く、指を挟まれると骨折や切断の危険がある。不用意に触れたりしなければ問題ないので、ヤシガニを見つけても離れて観察をするように。

# アフリカマイマイ

柄眼目（へいがんもく）アフリカマイマイ科
*Achatina fulica*

**分布** 小笠原、南西諸島を中心に外来分布

**出現時期** 1〜12月

**体長** 10〜15cm程度

**危険度** ★★★☆☆

**解説** アフリカ原産の外来種。かつて小笠原や南西諸島に食用として導入され、定着した。日陰の湿った場所を好み、主に夜間に活動する。広東住血線虫（かんとんじゅうけつせんちゅう）という寄生虫症の原因となる。

**DANGER GUIDE**

感染症

**応急処置等の対応** マイマイを食べる、または粘液のついた野菜を食べるなどして感染する。触れた手を口に入れたり、その手で物を食べたりしない。数日以内に嘔吐、下痢などの症状が出たら病院へ。

# ヤマビル

顎蛭目（がくしつもく）ヒルド科
*Haemadipsa zeylanica*

**分布** 本州、四国、九州、沖縄

**出現時期** 4〜11月

**体長** 1〜7cm程度

**危険度** ★★☆☆☆

**解説** 茶色で背中に三本線のある吸血性のヒル。シャクトリムシのように移動し、人の吐く息などに誘引されて足元から近寄ってくる。基本的に足元から這い上がられて吸血被害を受けることがほとんどなので、足元の対策が重要。全国でも分布域は限られる。

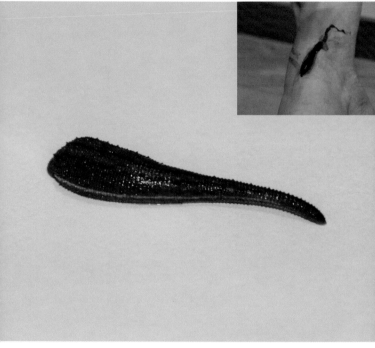

**応急処置等の対応** 吸血されたら虫よけスプレーや塩などを当ててヤマビルを脱落させ、念入りに水洗いを行う。かゆみが出るようであれば抗ヒスタミン軟膏を使用。虫よけスプレーを靴や足元にかけておくと予防効果がある。

☠ **DANGER GUIDE**

 吸血  かゆみ

## ヒグマ
食肉目クマ科
*Ursus arctos*

**分布** 北海道
**出現時期** 4〜11月
**体長** 150〜230cm程度
**危険度** ★★★★★

**解説** 北海道に生息する日本最大の陸上動物。12月〜4月頃に穴の中で冬眠するが、妊娠したメスは1〜2月頃に出産し、穴の中で子育てを行う。特に春と秋は活動が盛んになるので、遭遇頻度が高くなりやすい。学習能力も高く、キャンプなどでの食材の放置も厳禁。

**⚠遭遇した場合** 基本的に遭遇しないことが大切なので、クマ鈴を鳴らしたり、見通しが悪いところでは声を出したりして、クマに自分の存在を伝える。遭遇してしまった場合は、落ち着いて後退りして距離を取る。走って逃げてはいけない。

 **DANGER GUIDE**

 咬まれる  感染症

# ツキノワグマ

食肉目クマ科
*Ursus thibetanus*

**分布** 本州、四国

**出現時期** 4～11月

**体長** 100～130cm程度

**危険度** ★★★★★

**解説** 本州、四国に生息するクマの仲間で、九州では絶滅したとされている。胸元に三日月状の白い模様を持つことからこの名がついた。生息密度が高いエリアでは、人家近くや公園などに現れることもある。ヒグマより小型で基本的な性質や対策はヒグマと同じ。

**⚠ 遭遇した場合** 基本的に遭遇しないことが大切なので、クマ鈴を鳴らしたり、見通しが悪いところでは声を出したりして、クマに自分の存在を伝える。遭遇してしまった場合は、落ち着いて後退りして距離を取る。走って逃げてはいけない。

 **DANGER GUIDE**

 咬まれる  感染症

# アライグマ

食肉目アライグマ科
*Procyon lotor*

**分布** ほぼ全国に外来分布

**出現時期** 1〜12月

**体長** 40〜60cm程度

**危険度** ★★★☆☆

**解説** アニメの影響で人気になり、放たれたことによって定着した外来生物。人家の屋根裏などを利用しながら生活しており、密度が高い地域では、住宅地や公園で遭遇することも。

💀 **DANGER GUIDE**

**⚠ 遭遇した場合** 基本的にアライグマから襲い掛かってくることはないので、見つけても近寄らないようにする。万が一咬まれたりした場合は、感染症の懸念もあるため病院へ。

# ハクビシン

食肉目ジャコウネコ科
*Paguma larvata*

**分布** ほぼ全国に外来分布

**出現時期** 1〜12月

**体長** 60〜70cm程度

**危険度** ★★☆☆☆

**解説** 明治時代以前に入ったとされる外来種。額から鼻先に白い線があり、尾が長いのが特徴。住宅地の屋根裏や排水溝などを利用して生活しており、意外と身近なところで見ることができる。

💀 **DANGER GUIDE**

**➕ 応急処置等の対応** 基本的に咬みつかれる被害は発生せず、屋根裏などに住みつかれ、フン害に悩まされることの方が多い。万が一咬まれたり、引っ掻かれたりした場合は、感染症の懸念があるため病院へ。

## キツネ

食肉目イヌ科
*Vulpes vulpes*

**分布** 北海道、本州、四国、九州

**出現時期** 1〜12月

**体長** 60〜75cm程度

**危険度** ★★★★☆

**解説** 雑食性で、群れをつくらずに行動する。北海道のキタキツネと本州以南のホンドギツネがおり、山地を中心に生息している。人慣れしているエリアでは、道路に出てくることも。

**咬まれる** **感染症**

**⚠遭遇した場合** 北海道でのエキノコックスのような深刻な感染症を持つ例がある。餌付けされた個体が近づいてくることがあるが、触れたりエサを与えたりしないように。

## イノシシ

鯨偶蹄目イノシシ科
*Sus scrofa*

**分布** 本州、四国、九州、沖縄

**出現時期** 1〜12月

**体長** 80〜160cm程度

**危険度** ★★★★☆

**解説** 山地や里山に生息する代表的な野生動物の一つ。日中も活動するが、人の多いところでは夜に活動していることが多い。運動能力が高く、柵を飛び越え、農地で食害被害を及ぼすことが多い。

**咬まれる** **感染症**

**⚠遭遇した場合** クマ同様、至近距離で遭遇しないことが望ましい。クマ鈴や声などでこちらの気配を伝えると、基本的には向こうから去っていく。もし見つけても、近づかず、距離をとるように。

# ニホンザル

霊長目オナガザル科
*Macaca fuscata*

**分布** 本州、四国、九州
**出現時期** 1〜12月
**体長** 50〜65cm程度
**危険度** ★★★★☆

**解説** 日本固有の霊長類。シカ、イノシシに次ぐ害獣とされ、農産物被害を中心に、時に人身被害も及ぼす。学習能力が高いため、直接的間接的を問わず、食べ物がサルに渡る状態をつくると事故リスクが高くなる。食べ物の管理はしっかり行い、対策を取るように。

**!遭遇した場合** 基本的には遭遇したら無視し、目を合わせず刺激もしない。もしもサルが威嚇してきて目が合ったら、目をそらさず堂々とし、隙をみてその場を離れる。万が一、引っ掻かれるなどしたら、病院へ行く。

## ☠ DANGER GUIDE

咬まれる　感染症

# コウモリ類

哺乳綱翼手目
*Chiroptera*

**分布** 北海道、本州、四国、九州、沖縄

**出現時期** 1〜12月

**体長** 4〜20cm程度

**危険度** ★★★☆☆

**解説** 日本には多くのコウモリがおり、山地に限らず、都市部でも普通に見られる。多くの場合は害虫になりうる昆虫類を食べる益獣となるが、フン害や感染症の原因となることも。

**☠ DANGER GUIDE**

| 咬まれる | 感染症 |

**! 遭遇した場合** 襲ってくることはないので、基本的には心配ない。しかし、時に戸袋の中に住みついてフン害を起こす。狂犬病等の感染症の原因となる場合もあるので、触れないように。

# カミツキガメ

カメ目カミツキガメ科
*Chelydra serpentina*

**分布** 千葉などに外来分布

**出現時期** 1〜12月

**体長** 35〜40cm程度

**危険度** ★★★★☆

**解説** アメリカ原産の外来生物。流れの穏やかな水辺で生活する。生息できる気候区分が広く、日本の環境下では北海道から沖縄までどこでも生息でき、繁殖も可能と考えられている。

**☠ DANGER GUIDE**

| 咬まれる |

**! 遭遇した場合** 皮膚を分厚く咬まれれば歯形が残る程度で済むこともあるが、咬む力が強いため、指などを咬まれると骨折等の恐れがある。基本的に明らかな人的被害は出にくいが、見つけても触れないように。

# アカハライモリ

有尾目イモリ科
*Cynops pyrrhogaster*

**分布** 本州、四国、九州

**出現時期** 4〜10月

**体長** 7〜14cm

**危険度** ★☆☆☆☆

**解説** 背面は黒いが、その名の通り赤い腹をしているのが特徴。野生個体は、自然の豊かな田園地帯で観察すると見かけることがある。体表面にはフグ毒と同じテトロドトキシンを持つ。

💀 **DANGER GUIDE**

炎症

**🜨応急処置等の対応** 触れる程度であれば問題ないが、触れた手で目をこするなどをしないように注意。アカハライモリに触れたら、きれいな水で手を洗うようにする。過度に恐れる必要はない。

# シリケンイモリ

有尾目イモリ科
*Cynops ensicauda*

**分布** 沖縄

**出現時期** 1〜12月

**体長** 10〜16cm

**危険度** ★☆☆☆☆

**解説** 南西諸島で見られるアカハライモリの近縁種。沖縄本島の森の中にある池や湿地の水たまりでも観察でき、林道を歩いていることもある。アカハライモリ同様にテトロドトキシンを持つ。

💀 **DANGER GUIDE**

炎症

**🜨応急処置等の対応** 触れる程度であれば問題ないが、触れた手で目をこするなどをしないように注意。シリケンイモリに触れたら、きれいな水で手を洗うようにする。過度に恐れる必要はない。

# ヒキガエル類（在来）

無尾目ヒキガエル科
*Bufo*

**分布** 本州、四国、九州、沖縄
※北海道には国内外来種として分布

**出現時期** 2〜10月

**体長** 8〜15cm程度

**危険度** ★☆☆☆☆

**解説** 日本国内の大型のカエルで、在来種として東日本のアズマヒキガエル、西日本のニホンヒキガエル、本州中部のナガレヒキガエル、宮古島などのミヤコヒキガエルの4種がおり、それぞれが各地域を中心に生息している。地域によっては国内外来種となっている。

**＋応急処置等の対応** 目の後ろの耳腺などからブファジエノライドを含む乳白色の毒液を分泌する。ヒキガエルを触り、手に付いたくらいであれば、水で洗えば問題ないが、毒がついた手を舐めたり、目をこすってしまった場合は水洗いする。心配な場合は病院へ。

 **DANGER GUIDE**

| 中毒 | 眼の炎症 |
|---|---|
| （食べた場合） | （目をこすった場合） |

# オオヒキガエル

無尾目ヒキガエル科
*Rhinella marina*

**分布** 外来種（小笠原、石垣島
などに外来分布）

**出現時期** 1〜12月

**体長** 10〜15cm程度

**危険度** ★☆☆☆☆

**解説** アメリカ原産の外来種。大型のカエルで、
国内の在来ヒキガエルよりも耳腺が発達してい
る。かつて害虫駆除などの目的で導入されたが、
他の在来生物の捕食や本種を捕食した捕食者が
毒によって死亡した例が観察されるなどし、生
態系への影響が懸念されている。

**応急処置等の対応** 目の後ろの耳腺
などからブファジエノライドを含む乳
白色の毒液を分泌するが、手についた
くらいであれば、水で洗えば問題ない。
触った手で目をこすってしまった場合
は水洗いする。心配な場合は病院へ。

 **DANGER GUIDE**

| 中毒 | 眼の炎症 |
|---|---|
| （食べた場合） | （目をこすった場合） |

# 植物とキノコ

# ツタウルシ

ウルシ科
*Toxicodendron orientale*

**分布** 北海道、本州、四国、九州

**危険度** ★★★★☆

**解説** キャンプなどで郊外に出かけた際に遭遇しやすいウルシの仲間。「三枚の小さな葉がついた『つる性』の植物」は、本種であることを疑うといい。かぶれの症状は、体質によっては1週間ほど経ってから出ることもあり、知らないと原因に気がつくのが難しい場合もある。

**応急処置等の対応** 石鹸でぬるま湯洗いをして、冷却する。葉に触れたり、乳白色の樹液が肌に着くことでかぶれの症状を引き起こすため、触れた場合は石鹸とぬるま湯で早急に原因物質を除去すると良い。かぶれは、掻くと症状がひどくなるので、掻かずに冷却し、辛い場合は病院へ。

 **DANGER GUIDE**

 かぶれる かゆみ

# ヤマウルシ

ウルシ科
*Toxicodendron trichocarpum*

**分布** 北海道、本州、四国、九州
**危険度** ★★★★☆

**解説** 登山道わきなどの明るいところに生えていることが多いウルシの仲間。主に、腰丈から目線を少し超える程度のサイズのものが多い。ヤシの木のような、葉が放射状に広がる生え方をしているのが特徴で、小さな葉がたくさんついた形（羽状複葉）をしている。

**✚応急処置等の対応** 石鹸でぬるま湯洗いをして、冷却する。葉に触れたり、乳白色の樹液が肌につくことでかぶれの症状を引き起こすため、触れた場合は石鹸とぬるま湯で早急に原因物質を除去するといい。かぶれは、掻くと症状がひどくなるので、掻かずに冷却し、辛い場合は病院へ。

💀 **DANGER GUIDE**

# ヌルデ

ウルシ科
*Rhus javanica*

**分布** 北海道、本州、四国、九州、沖縄

**危険度** ★★★☆☆

**解説** 比較的どこでも見られ、ウルシの中では最も遭遇率の高い普通種。住宅地近くの公園などでも見られる。葉は、小さな葉がたくさんつく形（羽状複葉）をしており、その軸に翼（よく）と呼ばれるふくらみが見られるのが特徴。見分けは比較的容易なので、最初に覚えたいウルシ。

💀 **DANGER GUIDE**

かぶれる　かゆみ

**➕応急処置等の対応** 石鹸でぬるま湯洗いして、冷却する。ウルシの中では比較的毒性が弱いとされるが、葉に触れたり、乳白色の樹液が肌についたりすることでかぶれの症状を引き起こす。

# イラクサ

イラクサ科
*Urtica thunbergiana*

**分布** 北海道、本州、四国、九州

**危険度** ★★★☆☆

**解説** 葉がシソ（大葉）に似た、棘のある植物。沢沿いの半日陰環境に見られ、登山やハイキングでも遭遇しやすい。茎や葉に1〜2mmの棘があり、その棘にはヒスタミンが含まれているため、刺さると赤い発疹が現れる。別名「蕁麻（じんま）」とされ、「蕁麻疹」の語源となった。

**✚応急処置等の対応** 刺さった棘は粘着テープなどで取り除き、患部をよく洗浄して抗ヒスタミン軟膏を塗る。痛みやかゆみが辛い場合は、冷却することで軽減される。

**☠ DANGER GUIDE**

| 刺さる | 腫れる | かゆみ |

# アザミ類

キク科
*Cirsium*

**分布** 北海道、本州、四国、九州、沖縄

**危険度** ★☆☆☆☆

**解説** 茎、葉、花など、植物体のあらゆるところに棘のある植物。主に紫色から赤紫色の花をつけ、平地から山地まで幅広く見られるが、園芸用としても親しまれる植物である。

**DANGER GUIDE**

刺さる

**応急処置等の対応** 大事に至ることはないが、棘が多いため、刺さると当然に痛みを伴う。万が一刺さった場合は棘を除去し、患部を水洗いして清潔に保てば良い。ズボンの上からでも刺さるので注意。

---

# キイチゴ類

バラ科
*Rubus*

**分布** 北海道、本州、四国、九州、沖縄

**危険度** ★☆☆☆☆

**解説** 北海道から九州に分布するクマイチゴやモミジイチゴ、南西諸島に分布するホウロクイチゴなどがある。オレンジ色や赤色の実をつけ、林縁や藪などで比較的普通に見られる樹木。

**DANGER GUIDE**

刺さる

**応急処置等の対応** 大事に至ることはないが、葉や茎に棘があるため、刺さると当然に痛みを伴う。刺さった場合は、棘を除去し、患部を水洗いして清潔に保てば良い。ズボンの上からでも刺さるので注意。

# サンショウ

ミカン科
*Zanthoxylum piperitum*

**分布** 北海道、本州、四国、九州

**危険度** ★☆☆☆☆

**解説** 庭木や香辛料として親しまれる、山地で見られる香りのある樹木。葉に触れたり、樹皮を軽く傷つけると、さわやかな香りがする。葉は羽状複葉で、若い枝を中心に棘がある。

 **DANGER GUIDE**

 刺さる

**応急処置等の対応** 大事に至ることはないが、棘が刺さると当然に痛みを伴う。棘が残った場合は、除去し、患部を水洗いして清潔に保てば良い。服の上からでも刺さるので注意。

# カラスザンショウ

ミカン科
*Zanthoxylum ailanthoides*

**分布** 本州、四国、九州、沖縄

**危険度** ★☆☆☆☆

**解説** 葉や枝に棘があり、触ると香りのする樹木。本種は香辛料として利用されることはないが、街路樹として利用されることがあるほか、山や公園など比較的広範囲で見ることができる。

 **DANGER GUIDE**

 刺さる

**応急処置等の対応** 大事に至ることはないが、棘が刺さると当然に痛みを伴う。棘が残った場合は、除去し、患部を水洗いして清潔に保てば良い。服の上からでも刺さるので注意。

# トリカブト類

キンポウゲ科
*Aconitum*

**分布** 北海道、本州、四国、九州

**危険度** ★★★★★

**解説** 山地などでは比較的見られる毒草。ヤマトリカブトなどの種類があり、植物体全体にアコニチン等の毒成分が含まれる。ニリンソウなどの山野草との誤食事故が起こりやすい。ニリンソウは根元から茎が一本ずつ伸びるが、本種は茎の途中から枝分かれして葉が出る。

**✚応急処置等の対応** 誤食したことに気づいたら、吐き出してすぐに病院へ行く。山菜採りの際は、食べられるニリンソウやヨモギなどと誤認しないように注意。もし見分けることに自信がなければ食べないようにする。

**☠ DANGER GUIDE**

中毒

# スイセン | ヒガンバナ科 *Narcissus*

**分布** 園芸用を中心に野生化
個体も見られる

**危険度** ★★★★☆

**解説** 誤食事故発生数がトップクラスの有毒植物で、ニラ、ノビル、タマネギなどと間違って誤食する例が多い。事故の発生件数は、他の有毒植物よりも圧倒的に多く、最も誤食事故が起こりやすい植物と言える。

**DANGER GUIDE**

中毒

**応急処置等の対応** 食べると、嘔吐、下痢、腹痛などの中毒症状が現れ、ひどい場合は死に至る。誤食に気づいたときは吐き出し、症状が出ている場合はすぐに病院へ行き、治療を受けるように。

# ヒガンバナ

ヒガンバナ科
*Lycoris radiata*

**分布** 本州、四国、九州、沖縄

**危険度** ★★☆☆☆

**解説** 公園や墓地などでよく見られる、中国が原産とされる植物。古くから、有毒であることを利用し、動物から墓を守るのに使用したとされる。秋の彼岸の頃に花を咲かせ、球根で増える。

**DANGER GUIDE**

中毒

**➕応急処置等の対応** ヒガンバナは全草が有毒である。誤食事故は、花のない時期に山野草のノビルやニラなどと間違えて起こる例が多いとされる。誤食に気がついた際はすぐに吐き出し、病院へ。

# イヌサフラン

イヌサフラン科
*Colchicum autumnale*

**分布** 園芸種として各地でみられる

**危険度** ★★★★☆

**解説** ピンクや紫の花を咲かせ、園芸種として親しまれる植物で、寒さに強い。「コルチカム」の名でも知られている。全草に有毒成分を含み、葉や球根などの誤食事故がある。

**DANGER GUIDE**

中毒

**➕応急処置等の対応** 食べると、嘔吐、下痢、呼吸困難などの中毒症状が現れ、ひどい場合は死に至る。誤食に気付いたときは吐き出し、症状が出ている場合はすぐに病院へ行き、治療を受けるように。

# ジャガイモ ナス科 | *Solanum tuberosum*

**分布** 農産物用として全国で栽培される

**危険度** ★★★☆☆

**解説** 数ある毒植物の中でも、中毒事故件数の上位に入る身近な食材。芽や、光が当たって黄緑色や緑色になった皮にソラニンを主とする有毒成分が含まれている。学校の調理実習などでの集団食中毒の事例が多いため、事故件数のわりに被害人数が多いのも特徴。

**応急処置等の対応** ソラニンをはじめとする植物毒の多くは、熱に強いものが多く、火を通しても無毒化は期待できない。嘔吐、腹痛、めまい、下痢などの症状が出た場合は、無理せず病院で治療を受けるように。

**DANGER GUIDE**

中毒

# チョウセンアサガオ

ナス科
*Datura metel*

**分布** 園芸用を中心に野生化個体も見られる

**危険度** ★★★★☆

**解説** 園芸種として親しまれる多年生草本。つぼみはオクラ、根はゴボウ、葉はモロヘイヤなどとの誤食事故に注意が必要だが、全身麻酔研究に役立てられた一面も持つ。

**➕応急処置等の対応** ろれつが回らない、意識障害、嘔吐などの中毒症状を引き起こす。誤食したら吐き出して病院へ。野菜に似た部位が多いので、食べられる植物類の近くで育てることは控えたい。

💀 **DANGER GUIDE**

中毒

---

# オシロイバナ

オシロイバナ科
*Mirabilis jalapa*

**分布** 園芸種として各地で見られる

**危険度** ★★★☆☆

**解説** 黄色、ピンクなどの花が咲き、園芸種として公園などで親しまれている多年生草本。花が終わると白い粉が含まれる黒い種子をつける。種子や根などには有毒成分が含まれている。

💀 **DANGER GUIDE**

中毒

**➕応急処置等の対応** 種子の粉や根などに触れるだけであれば問題はないが、誤食した場合は中毒を起こし、嘔吐、頭痛、下痢などに襲われる。中毒症状が起こった場合はすぐに病院へ。

# ヨウシュヤマゴボウ

ヤマゴボウ科
*Phytolacca americana*

**分布** 帰化植物として国内に広く分布

**危険度** ★★★☆☆

**解説** 北アメリカ原産だが、国内では帰化植物として雑草化し、公園などで生えていることがある。市販される「やまごぼう（モリアザミ）」の根と似ており、誤食事故を起こした事例がある。また、ブドウ状に作られる果実にも有毒成分が含まれ、食べると中毒症状を起こす。

**➕応急処置等の対応** 誤食すると嘔吐、下痢、痙攣などの中毒症状を起こすため、急いで病院へ。果実は触れても問題ないことが多いが、体質によっては、かゆみを引き起こす可能性があるので水洗いを。

 **DANGER GUIDE**

中毒　かゆみ

# シキミ

マツブサ科
*Illicium anisatum*

**分布** 本州、四国、九州、沖縄

**危険度** ★★★★☆

**解説** 春にクリーム色の花を咲かせる常緑樹。線香の材料にすることもでき、墓地などに植栽されていることが多い。アニサチンなどの有毒成分を含むため、食べると中毒症状を起こす。

**✚応急処置等の対応** 香りのよい果実は中華料理に使用する「八角」に似ている。食べると痙攣、嘔吐、意識障害などを起こし、最悪の場合は死に至る可能性も。誤って食べた場合は吐き出して病院へ。

**☠ DANGER GUIDE**

中毒

# イチョウ

イチョウ科
*Ginkgo biloba*

**分布** 園芸用として全国で植樹される

**危険度** ★★★☆☆

**解説** 街路樹として人気の高い樹木。各地で植栽され、ギンナンは食用としても親しまれている。このギンナンに中毒を起こす成分があるほか、外種皮にもかぶれを起こす成分が含まれている。

**☠ DANGER GUIDE**

かぶれる　かゆみ　中毒

**✚応急処置等の対応** 外種皮に触れた場合は、水洗いをし、抗ヒスタミン軟膏を塗る。嘔吐や痙攣などの中毒症状が現れた場合は病院へ。子どもは中毒を起こしやすく、7個程度から発症した事例がある。食べすぎ注意。

# キョウチクトウ

キョウチクトウ科
*Nerium oleander*

**分布** 園芸用として全国で植樹される

**危険度** ★★★★☆

**解説** 寒さや暑さ、大気汚染等に強いことから、緑化のために道路沿いなどに植えられる樹木。高速道路や公園でもよく植樹されている。夏になると、白、ピンク、黄色などの花を咲かせる。葉は細長く、葉脈が魚の骨のように横に並ぶのが特徴。植物全体に有毒成分を含む。

**✚応急処置等の対応** 直接的に誤食することは稀だが、樹液に触れるとかぶれることがあるほか、燃やした煙や、枝をBBQの串などに使用して中毒に至った事例がある、樹液に触れたら水洗いし、中毒症状が出た場合は病院へ。

💀 **DANGER GUIDE**

かぶれる　中毒

# アジサイ（ガクアジサイ）

アジサイ科
*Hydrangea macrophylla*

**分布** 園芸用を中心に、一部自生分布

**危険度** ★★★☆☆

**解説** 梅雨時に水色、紫色などの花を咲かせることで人気の高い落葉低木。事故は稀だが、料理用の飾りとして提供された葉を食べるなどした食中毒事例が報告されている。

💀 **DANGER GUIDE**

中毒

➕ **応急処置等の対応** 見るだけ、触れるだけであれば問題ないため、基本的には過度に恐れる必要はない。万が一、誤食した場合は、嘔吐、めまいなどの中毒症状が報告されているため、急いで病院へ。

# ナンテン

メギ科
*Nandina domestica*

**分布** 園芸用を中心に、自生分布もある

**危険度** ★★★☆☆

**解説** 「難を転ずる」語呂合わせから「縁起の良い木」として親しまれる有毒植物。味が悪いので吐き出すことが多いが、子どもの誤食事故に注意。10～12月に赤い実をつける。

💀 **DANGER GUIDE**

中毒

➕ **応急処置等の対応** 毒性は強くないが、大量に食べると、意識障害や、呼吸困難も引き起こすため要注意。誤食に気付いたときは吐き出し、症状が出ている場合はすぐに病院へ行き、治療を受けるように。

# シャクナゲ

ツツジ科
*Rhododendron japonoheptamerum*

**分布** 園芸用を中心に、自生分布もある

**危険度** ★★★☆☆

**解説** 4〜5月頃に赤や白、ピンクなどの花を咲かせる植物。花は人気があるが、有毒成分を含んでおり、葉をお茶として煎じた事故例や、本種から作られたハチミツによる事故例がある。

 **DANGER GUIDE**

中毒

**➕応急処置等の対応** 中毒を起こすと、嘔吐、下痢、痙攣などの中毒症状が現れるため、その場合はすぐに病院へ。本種から作られたハチミツも有毒となるため、注意。

# アセビ類

ツツジ科
*Pieris japonica*

**分布** 本州、四国、九州、沖縄

**危険度** ★★★☆☆

**解説** 春にスズランのような小さな花が垂れ下がって咲く常緑低木。山地に自生するものがあるほか、公園や住宅地でも植栽されていることがある。飼い犬が誤食した例がある。

**DANGER GUIDE**

中毒

**➕応急処置等の対応** 触れるだけであれば問題ないため、基本的には過度に恐れる必要はない。万が一、誤食した場合は、嘔吐、呼吸困難などの中毒症状が報告されているため、急いで病院へ。

# ウメ

バラ科
*Armeniaca mume*

**分布** 園芸用として全国で植樹される

**危険度** ★★★☆☆

**解説** 春の訪れを告げてくれることで有名で、美しい花は人気が高いウメ。梅干しや梅酒としても親しまれるが、青梅には体内で有毒成分に変わる成分を含んでいるため注意が必要。

💀 **DANGER GUIDE**

中毒

**➕応急処置等の対応** 青梅の中毒を起こすと、頭痛、めまい、痙攣、呼吸困難などの症状が現れるため、すぐに病院へ。熟したり、梅干しなどに加工したりしたものは、成分が分解されるため問題ない。

# ソテツ

ソテツ科
*Cycas revoluta*

**分布** 園芸用のほか、九州、沖縄に自生分布

**危険度** ★★★☆☆

**解説** 九州や沖縄に自生するほか、各地で栽培されていることも多い植物。赤い種ができ、かつては毒抜きして食べていた事例もあるが、そのまま食べると中毒症状を引き起こす。葉も鋭く、刺さりやすい。

💀 **DANGER GUIDE**

中毒　刺さる

**➕応急処置等の対応** 食べると、嘔吐、下痢、腹痛などの中毒症状が現れ、ひどい場合は死に至る。誤食に気付いたときは吐き出し、症状が出ている場合はすぐに病院へ行き、治療を受けるように。

# ベニテングタケ

テングタケ科
*Amanita muscaria*

**分布** 北海道、本州、四国、九州

**傘径** 6〜15cm程度

**危険度** ★★★★☆

**解説** 赤い傘に白い水玉模様のイボイボが付いた毒キノコ。ゲームなどの「毒キノコ」のモデルとされている。主にシラカバなどの広葉樹やマツなどの針葉樹林などで見られる。

💀 **DANGER GUIDE**

中毒

**➕応急処置等の対応** 中毒を引き起こすと、下痢、嘔吐のほか、錯乱、幻覚、痙攣などの神経系の症状を現し、死に至ることもある。誤食に気が付いた場合はすぐに病院で治療を受けるように。

# カエンタケ

ボタンタケ科
*Trichoderma cornu-damae*

**分布** 北海道、本州、四国、九州、沖縄

**大きさ** 2〜15cm程度

**危険度** ★★★★★

**解説** クヌギやコナラの立ち枯れの根元などから発生する毒キノコ。毒性が高いので食べても危険だが、キノコに含まれる液体で皮膚炎症状も引き起こすため、触れないように注意。

💀 **DANGER GUIDE**

皮膚炎　中毒

**➕応急処置等の対応** 触れた場合は石鹸を使って水でよく洗い、皮膚炎症状が辛い場合は無理せず病院へ。食べた場合も、嘔吐、下痢、腹痛のほか神経障害を引き起こし死に至ることがあるので病院へ。

日本の危険生物

# 海に棲む 生物

# ゴンズイ

ナマズ目ゴンズイ科
*Plotosus japonicus*

**分布** 本州以南
**体長** 10〜20cm
**危険度** ★★★★☆

**解説** 本州中部以南の温かく浅い海に生息する、背びれと胸びれに毒の棘を持つ魚類。体表面の粘膜にも毒がある。身近な岩場や港でも見つけることができ、海水浴やシュノーケリング、釣りなどで遭遇することも珍しくない。つかんだり、釣り針を外す際などで被害に遭う。

**応急処置等の対応** 刺されたらきれいな水で洗浄。40〜45℃程度のお湯につけると痛みの軽減が期待できる。棘が取れない場合や痛みがひどい場合、全身症状が見られる場合は、無理せずに病院へ。

☠ **DANGER GUIDE**

| 刺される | 腫れる | 全身症状 |

# 海の生物

## ミノカサゴ

スズキ目フサカサゴ科
*Pterois lunulata*

 北海道南部以南

 20～25cm程度

**危険度** ★★★★☆

**解説** 沿岸の岩礁周辺やサンゴ礁などに生息する刺傷被害が多い魚。ひれの棘に毒があり、刺さると痛みを伴い、赤く腫れる。体質により、吐き気などの全身症状を引き起こすことも。

💀 **DANGER GUIDE**
| 刺される | 腫れる | 全身症状 |

➕**応急処置等の対応** 棘が残った場合は取り除き、傷口をきれいな水でよく洗う。痛みが辛い場合は、40～45℃程度のお湯につけることで痛みの軽減が期待できるが、全身症状が出る場合は病院へ。

---

## オニダルマオコゼ

スズキ目オニオコゼ科
*Synanceia verrucosa*

 本州中部以南

 30～35cm程度

**危険度** ★★★★☆

**解説** 主にサンゴ礁や岩礁周辺の海底に生息する。砂や岩礁に潜んでいるところを気づかずに踏み、被害に遭うことが多い。背びれ、腹びれ、尻びれに毒の棘をもち、刺さると強い痛みを伴うほか、嘔吐や痙攣などの全身症状を引き起こすこともミノカサゴに並び、被害が発生しやすい。

💀 **DANGER GUIDE**
| 刺される | 腫れる | 全身症状 |

➕**応急処置等の対応** 意識を失って溺死する例もあるため、すぐに陸に上がり、棘が残った場合は除去する。40～45℃程度のお湯に患部をつけると痛みの軽減が期待できる。応急処置後は病院へ。

# アイゴ類

スズキ目アイゴ科
*Siganus*

**分布** 本州以南

**体長** 15〜30cm程度

**危険度** ★★★★☆

**解説** 本州以南の沿岸の浅い岩礁周辺で見られる色彩多様な海水魚。背びれ、腹びれ、尻びれに毒の棘をもち、刺さると強く痛む。釣りで針を外す際に被害が発生することが多い。

**DANGER GUIDE**

刺される

**応急処置等の対応** 刺されたらきれいな水で洗浄。40〜45℃程度のお湯につけると痛みの軽減が期待できる。棘が取れない場合や痛みがひどい場合、全身症状が見られる場合は、無理せずに病院へ。

# ウツボ類

ウナギ目ウツボ科
*Muraenidae*

**分布** 本州中部以南

**体長** 80〜180cm程度

**危険度** ★★★☆☆

**解説** 沿岸の岩礁の岩穴や隙間に潜む細長い魚類。全身が地味なまだら模様となっており、岩場によく擬態している。通常、ウツボから襲ってくることはないが、鋭い歯を持っており、咬まれると深い傷を負う。

**DANGER GUIDE**

咬まれる

**応急処置等の対応** 咬まれたらきれいな水でよく洗い、止血する。ウツボの場合、縫合を要するほどの深い傷を負うこともあるので、その場合は患部を清潔にし、止血しながら病院へ。

# アカエイ

トビエイ目アカエイ科
*Dasyatis akajei*

**分布** 北海道以南

**体長** 100cm程度

**危険度** ★★★★☆

**解説** 海底に潜み、砂底で擬態するエイの仲間。尾の根元に毒の棘をもち、浅瀬の砂地で踏みつけて被害に遭うケースが多い。棘はのこぎり状で非常に鋭く、刺さると抜けにくい。

☠ **DANGER GUIDE**

| 刺される | 腫れる | 全身症状 |

**✚応急処置等の対応** 棘が残っている場合は、ペンチなどを使用して注意しながら取り除く。40〜45℃程度のお湯につけると痛みの軽減が期待できるが、全身症状を引き起こして死亡する例もあるので、無理せず病院へ。

---

# ウミケムシ

ウミケムシ目ウミケムシ科
*Amphinomidae*

**分布** 本州中部以南

**体長** 10〜15cm程度

**危険度** ★★★☆☆

**解説** 本州中部以南に生息する環形動物の仲間。分類上はゴカイやミミズに近い仲間となる。細長い体の両側に白い有毒の毛が多数ある。日中はあまり見かけないが、夜になると現れる。

☠ **DANGER GUIDE**

| 刺される | 腫れる |

**✚応急処置等の対応** 粘着テープを使用して毒毛を除去し、患部を水で洗浄して清潔にした後、抗ヒスタミン軟膏を使用する。痛みやかゆみは一週間ほど続くこともあるので、辛い場合は病院へ。

# ヒョウモンダコ

タコ目マダコ科
*Hapalochlaena fasciata*

**分布** 本州中部以南

**体長** 10〜15cm程度

**危険度** ★★★★★

**解説** フグと同じテトロドトキシンをもち、咬まれると命を落とすこともある危険なタコ。咬まれて数分でしびれ、めまい、言語障害などを引き起こし、1時間半程度で死亡した事例も。

☠ **DANGER GUIDE**

刺される｜全身症状

**⊕応急処置等の対応** 水中で咬まれた場合は、一刻も早く陸に上がる。応急処置として流水で絞り洗いするのも有効とされるが、短時間で死に至る可能性があるため、その時の症状の有無にかかわらず、病院へ。

# アンボイナガイ（アンボイナ）

新腹足目イモガイ科
*Conus geographus*

**分布** 本州中部以南

**体長** 10〜13cm程度

**危険度** ★★★★★

**解説** 本州中部以南の海に生息するイモガイの仲間で、矢舌（しぜつ）という毒針を持つ。刺されてすぐは痛みが少ないが、毒性が強く、10〜20分後に激しい痛みやめまい、呼吸困難などの症状が現れる。

☠ **DANGER GUIDE**

刺される｜全身症状

**⊕応急処置等の対応** 刺されたらすぐに陸に上がるようにする。矢舌を取り除き、傷口の絞り洗いなどの応急処置を施すが、なにより救急車を呼ぶなどして急いで病院に行くように。

# カツオノエボシ

クダクラゲ目カツオノエボシ科
*Physalia physalis*

**分布** 本州以南
**傘径** 10cm程度
**危険度** ★★★★☆

**解説** 10〜30m程度にも及ぶ長い触手を持つ外洋性のクラゲ。昔の帽子「烏帽子（えぼし）」の形状に似ることが名前の由来。房総半島以南で、海流に乗って沿岸に漂着し、見ることができる。浜辺に打ち上げられた個体でも刺されることがあるので、むやみに触れない。

**応急処置等の対応** 刺されたらすぐに陸に上がり、こすらずに海水をかけて触手を取り除く。お湯で温める、または冷やすことで痛みの軽減が図れるが、温めと冷やし、どちらがいいかは科学的根拠が不十分。全身症状が見られる場合は病院へ。

**DANGER GUIDE**

| 刺される | 腫れる | 全身症状 |

# アンドンクラゲ

アンドンクラゲ目アンドンクラゲ科
*Carybdea brevipedalia*

**分布** 北海道以南

**傘径** 3cm程度

**危険度** ★★★★☆

**解説** 8月のお盆過ぎに被害が出やすくなるクラゲの一種。傘は釣鐘のような形状で、四隅から触手が伸びている。海水浴中、透明で気がつかずに被害に遭うこともある。

 DANGER GUIDE

 刺される  腫れる 全身症状

**応急処置等の対応** 刺されたら陸に上がり、こすらずに海水をかけて触手を取り除く。お湯で温める、または冷やすことで痛みの軽減が図れるが、どちらがいいかは科学的に立証されていない。全身症状が見られる場合は病院へ。

# アカクラゲ

旗口クラゲ目オキクラゲ科
*Chrysaora pacifica*

**分布** 北海道以南

**傘径** 15cm程度

**危険度** ★★★★☆

**解説** 赤いすじ模様の入ったクラゲの一種。触手は長く、2mを超すこともある。他のクラゲが少ない秋から春にかけて発生するが、特に春を中心とした時期のダイビングなどでは注意が必要。

 DANGER GUIDE

 刺される  腫れる 全身症状

**応急処置等の対応** 刺されたら陸に上がり、こすらずに海水をかけて触手を取り除く。お湯で温める、または冷やすことで痛みの軽減が図れるが、どちらがいいかは科学的に立証されていない。全身症状が見られる場合は病院へ。

# ハブクラゲ

ネッタイアンドンクラゲ目
ネッタイアンドンクラゲ科
*Chironex yamaguchii*

**分布** 南西諸島以南

**傘径** 10〜15cm程度

**危険度** ★★★★★

**解説** 毒性の高いクラゲの一種。南西諸島の沿岸に生息し、夏に被害が起こりやすい。沖縄の海水浴では日焼けもさることながら、クラゲの事故予防の観点からも肌の露出を抑えた方が良い。

☠ **DANGER GUIDE**

| 刺される | 腫れる | 全身症状 |

**⊕応急処置等の対応** 刺されたらすぐに陸に上がる。ハブクラゲは他のクラゲと異なり、食酢を用いた応急処置が有効とされる。酢をかけ、触手が白く濁って失活したら取り除き、病院へ行くように。

# ウンバチイソギンチャク

写真提供／国営沖縄記念公園(海洋博公園)：沖縄美ら海水族館

イソギンチャク目
カザリイソギンチャク科
*Phyllodiscus semoni*

**分布** 南西諸島以南

**体長** 10〜20cm程度

**危険度** ★★★★★

**解説** 南西諸島のリーフ内を中心に見られるイソギンチャク。見た目は岩についた藻のように見え、わかりにくい。イソギンチャク類の中でも強い毒を持つため、刺されたら必ず病院へ。

☠ **DANGER GUIDE**

| 刺される | 腫れる | 全身症状 |

**⊕応急処置等の対応** 刺されると強い痛みを伴うほか、頭痛や悪寒、患部の壊死を起こすことがある。海水で刺胞球を洗い流し、その後冷却するが、救急車を要請するなどして、急いで病院へ行くように。

# ガンガゼ類

ガンガゼ目ガンガゼ科
*Diadema setosum*

**分布** 本州中部以南

**体長** 10〜15cm程度
（トゲを除く）

**危険度** ★★★☆☆

**解説** 棘が非常に長く、20cm近くにも及ぶウニの一種。房総半島以南の岩礁に生息し、昼は岩陰に潜んでいるが、夜になると目立つところに現れる。棘はもろくて折れやすいので注意。

**☠ DANGER GUIDE**

刺される｜腫れる

**⊕応急処置等の対応** 棘が残っていれば丁寧に取り除き、40〜45℃のお湯で痛みの軽減を図る。基本的に死に直結するような症状は心配ないが、棘が抜けなかったり、症状が辛い場合は、病院へ。

# オニヒトデ

アカヒトデ目オニヒトデ科
*Acanthaster planci*

**分布** 本州中部以南

**体長** 30〜45cm程度

**危険度** ★★★★★

**解説** サンゴ礁で多く見られ、時に大発生することもあるヒトデ。毒のあるオレンジ色の棘がびっしりとついており、刺さると激しい痛みを引き起こす。全身症状による死亡例もある。

**☠ DANGER GUIDE**

刺される｜腫れる｜全身症状

**⊕応急処置等の対応** 棘が刺さっている場合は、折れないようにまっすぐ引き抜き、40〜45℃のお湯で痛みの軽減を図る。遅効性の肝臓毒を含むため、症状が軽くても病院で診察を受けた方が良い。

# さくいん

# 参考文献

『家畜臨床誌』「羊における馬酔木中毒例」味戸忠春、安斉秀行、森川寿三ほか執筆（日本全薬工業）／『ヘビの大図鑑』クリス・マティソン著、千石正一監修・訳（緑書房）／『アナフィラキシーショックとエピペン』海老澤元宏ほか執筆／『史上最強カラー図解 毒の科学 毒と人間のかかわり』船山信次著（ナツメ社）／『終わりなき侵略者との闘い 増え続ける外来生物』五箇公一著（小学館）／『新装版 野外毒本 被害実例から知る日本の危険生物』羽根田治著（山と渓谷社）／『ハブ-その現状と課題-. 南太平洋海域調査研究報告』服部正策著（国立情報学研究所）／『アブの生態とその防除法』早川博文著（バイエルジャパン）／『アナフィラキシーへの対応』原田晋著（J Environ Dermatol Cutan Allergol）／『山渓ハンディ図鑑14 樹木の葉実物スキャンで見分ける1100種類』林将之著（山と渓谷社）／『日本動物大百科（全11巻）第5巻 両生類・爬虫類・軟骨魚類』日高敏隆監修（平凡社）／『ヒアリの生物学 -行動生態と分子基盤-』東正剛、緒方一夫、S.D.ポーターほか執筆（海游舎）／『皮膚炎を起こす有害動物に関する研究 3　アシマダラブユの生態及び被害調査』比嘉ヨシ子、岸本高男著（沖縄県公害衛生研究所報）／『日本ロボット学会誌』「ヘビ型ロボットの移動機構」広瀬茂男（一般社団法人 日本ロボット学会）／『ハブ毒とエラブウミヘビ毒の研究 -両蛇毒の生物的毒性の概要ならびにタンニン酸の毒性阻止効果について-』本間学、阿部良治、小此木丘、佐藤信、小管隆夫、三島章義著（日本細菌学雑誌）／『日本熱帯医学雑誌』「マムシ毒の研究.1.生物学的毒性について」本間学、小菅隆夫、阿部良治著（一般社団法人 日本熱帯医学会）／『蚊』池庄司敏明著（東京大学出版社）／『自然に学ぶ！ネイチャー・テクノロジー：暮らしをかえる新素材・新技術』石井秀輝、下村政嗣監修（学研パブリッシング）／『日本医事新報』「アナフィラキシーショック時のアドレナリン自己注射と環境整備の必要性」石井正和ほか執筆（日本医事新報社）／『面白くて眠れなくなる植物学』稲垣栄洋著（PHP研究所）／『怖くて眠れなくなる植物学』稲垣栄洋著（PHP研究所）／『みどりいし』「クラゲ刺傷によって引き起こされる症候群とその処置方法」J. W. Burnett.著、大森信、藤田和彦訳（阿嘉島臨海研究所）／『日本臨床外科学会雑誌』「減張切開により患指を救済したマムシ咬傷の1例」柏木慎也、齋藤智尋著（日本臨床外科学会）／『日本生態学会大会講演要旨集』「イラクサの葉の外部形質の地域変異に及ぼすシカの採食の影響」加藤禎孝、石田清佐、藤宏明著／『マルハナバチ -愛嬌者の知られざる生態』片山栄助著（北海道大学出版部）／『昆蟲（ニューシリーズ）』「マルハナバチ類の外部捕食寄生者ミカドアリバチMutilla Mikado Cameronの産卵習性」片山栄助著（日本昆虫学会）／『常民文化』「彼岸花にみる生活世界：命名と名称分布から」川名瑞希著（成城大学常民文化研究会）／『重症ブユアレルギーの1症例』貴谷光、高田一郎、横田聡ほか執筆（国立情報学研究所）／『昆虫の生物学』松香光夫著（玉川大学出版部）／『徳島赤十字病院医学雑誌』「当科で経験したマムシ咬傷の臨床的検討」松立吉弘、浦野芳夫著（徳島赤十字病院）／『日本産スズメバチ属（VESPA）ハチ類の営巣場所』松浦誠著（日本昆蟲学会）／『スズメバチはなぜ刺すか』松浦誠著（北海道大学出版会）／『蜂刺されの予防と治療』松浦誠、大滝倫子、佐々木真爾ほか執筆（林業・木材製造業労働災害防止協会）／『都市害虫百科』松崎沙和子、武衛和雄著（朝倉書店）／『ポケット図鑑 日本の海水魚466.』峯水亮、松沢陽士著（文一総合出版）／『ときめくクラゲ図鑑』峯水亮著（山と渓谷社）／『マルハナバチを使いこなす より元気に長く働いてもらうコツ』光畑雅宏著（農山漁村文化協会）／『日本の有毒節足動物. 化学と生物』森谷清樹著（日本農芸化学会）／『学研の図鑑 LIVE（ライブ）ポケット⑧魚』本村浩之編（学研プラス）／『しっかり見分け 観察を楽しむ きのこ図鑑』中島淳志著（ナツメ社）／『スズメバチ 都会進出と生き残り戦略【増補改訂新版】』中村雅雄著（八坂書房）／『Med. Entomol. Zool.』「タテツツガムシ幼虫の実験的刺症における 臨床像および病理組織像の検討」夏秋優、高田伸弘著（日本衛生動物学会）／『Dr.夏秋の臨床図鑑 虫と皮膚炎 皮膚炎をおこす虫とその生態／臨床像・治療・対策』夏秋優著（学研メディカル秀潤社）／『新 日本両生爬虫類図鑑』日本爬虫両棲類学会編（サンライズ出版）／『フィールドガイドシリーズ② 野外における危険な生物』公益財団法人 日本自然保護協会編・監修（平凡社）／『フィールドガイドシリーズ③ 指標生物 自然を見るものさし』公益財団法人 日本自然保護協会編・監修（平凡社）／『自然観察ハンドブック』公益財団法人 日本自然保護協会編・監修（平凡社）／『トコジラミ技術資料集』（公益社団法人 日本ペストコントロール協会）／『沖縄島産アカマタ（ナミヘビ科）における性・頭胴長・体重の構成』西村昌彦、香村昂男著（沖縄県衛生環境研究報）／『沖縄ハブ抗毒素の有効性の検討（VIII）』「沖縄本島産ハブ毒と奄美大島産ハブ毒の中和実験」野崎真敏、山川雅延、他間善次著（沖縄県公害衛生研究所）／『沖縄県公害衛生研究所報』「ELISAによる牙跡出血からのハブ毒の検出」野崎真敏著（沖縄県公害衛生研究所）／『カバキコマチグモによる刺咬症の1例と最近20年間のクモ刺咬症の傾向』能登重光、高濱英人、芹川宏二、武藤敦彦著 ／『人を襲うハチ：4482件の事例からの報告』小川原辰雄著（山と渓谷社）／『スズメバチの科学』小野正人著（海游舎）／『日本の爬虫類両生類飼育図鑑』大谷勉著（誠文堂新光社）／『中毒研究』「カバキコマチグモ咬症による広範な症状に対して局所温熱療法が有効であった1例」大林正和、海野仁、松井智文ほか執筆（一般社団法人 日本中毒学会）／『イチョウ 奇跡の2億年史 生き残った最古の樹木の物語』ピーター・クレイン著、矢野真千子訳（河出書房新社）／『薬事』「アナフィラキシー」貞方里奈子ほか執筆（じほう）／『日本花

粉学会会誌」「ハチ刺されによるアナフィラキシーの緊急第一選択薬エピネフリンの自己注射製剤エピペンの紹介」斉藤洋三著（日本花粉学会）／『Nature of Kagoshima』「鹿児島の陸生ヘビ類の分布と生態」鮫島正道、中村正二、中村麻理子ほか執筆（鹿児島県自然環境保全協会）／『フィールドベスト図鑑16 日本の有毒植物』佐竹元info著（学研教育出版）／『生活害虫の事典』佐藤仁彦著（朝倉書店）／『爬虫両棲類学会報』「フィールドワーカーのための毒ヘビ咬傷ガイド」境淳、森口一、鳥羽通久著（日本爬虫両棲類学会）／『Envenomations: An Overview of Clinical Toxinology for the Primary Care Physician.』SCOTT A.WEINSTEIN, RICHARD C. DART, ALAN STAPLES, JULIAN WHITE（American Family Physician）／『野外観察のための日本産 爬虫類図鑑』関慎太郎著（緑書房）／『マムシ咬傷35例の検討』「日農医誌」重田匡利、久我貴之、工藤淳一、山下昇正、藤井康宏著（日本農村医学会）／『植物なんでも事典 ぜんぶわかる！植物の形態・分類・生理・生態・環境・文化』柴田規大著（文一総合出版）／『日本産ハネカクシ科総目録[昆虫綱：甲虫目]』柴田泰利、丸山宗利、保科英人ほか執筆（Reprinted from Bulletin of the Kyushu University Museum）／『沖縄県で発生したイソギンチャク刺傷例』「沖縄県公害衛生研究所報」新城安哲ほか執筆（沖縄県衛生環境研究所）／『生物間相互認識に関する化学生態的研究』「日本農芸化学会誌」深海浩（公益社団法人 日本農芸化学会）／『森林レクリエーションでのスズメバチ刺傷事故を防ぐために 第一期計画成果5(第5版)』（森林総合研究所）／『[大人のための図鑑]毒と薬』鈴木勉著（新星出版社）／『知床の哺乳類Ⅰ』斜里町立知床博物館編著（北海道新聞社）／『知床の哺乳類Ⅱ』斜里町立知床博物館編著（北海道新聞社）／『日本の真社会性ハチ』高見澤今朝雄著（信濃毎日新聞社）／『やどりが』「冬季におけるアカタテハ幼虫の観察」竹内尚徳著（日本鱗翅学会）／『新薬と臨床』「マムシ咬傷の治療法の変遷. 新薬と治療」瀧健治、岩村高志、大串和久ほか執筆（医薬情報研究所）／『日本臨床救急医学会雑誌』「全国調査によるマムシ咬傷の検討」瀧健治、有吉孝一、堺淳、石川浩史、中野一寿、遠藤容子著（日本臨床救急医学会雑誌）／『モダンメディア』「明治・大正・昭和の細菌学者達8 野口英世-その1」竹田美文著（栄研）／『多足類読本』田辺力著（東海大学出版会）／『知りたいサイエンス！へんな毒 すごい毒-こっそり打ち明ける毒学入門-』田中真知著（技術評論社）／『狩蜂生態図鑑 〜ハンティング行動を写真で解く〜』田仲義弘著（全国農村教育協会）／『ペストロジー学会誌「富山県のリゾートホテルでみられたトコジラミの大発生とその駆除記録」谷口敬敏、黒田昭吉、渡辺護著（日本ペストロジー学会）／『日救急医会誌』「トリカブト中毒患者 30症例の不整脈症状を中心とした特徴と治療に関する臨床的検討』照井克俊、藤田友嗣、高橋智弘、井上義博、遠藤重厚著（日本救急医学会）／『Hypersensitivity to Hymenoptera Stings.』Theodore M. Freeman（N Engl J Med）／【◆新特産シリーズ◆ ミツバチ -飼育・生産の実際と蜜源植物-』角田公次著（農村漁村文化協会）／『Venoms of Crotalidae.In：Venoms：Chemistry and Molecular Biology.』（John Wiley）／『衛生害虫と衣食住の害虫』安富和男、梅谷献二著（全国農村教育協会）／『熊が人を襲うとき』米田一彦著（つり人社）／『ニホンミツバチの飼育法と生態』吉田忠晴著（玉川大学出版部）／『アセビは羊を中毒死させる 樹木の個性と生き残り戦略』渡辺一夫著（築地書館）／『Honeybees can discriminate between Monet and Picasso paintings.』Wen Wu. Antonio M. Moreno. Jason M. Tangen. Judith Reinhard.（Journal of Comparative Physiology A）／『ヒグマとの遭遇回避と遭遇時の対応に関するマニュアル』山中正実、知床財団著（日本クマネットワーク編集部）／American Academy of Dermatology Treating poison ivy:Ease the itch with tips from dermatologists https://www.aad.org/media/news-releases/treating-poison-ivy-ease-the-itch-with-tips-from-dermatologists／広島市 市の木(クスノキ)・市の花(キョウチクトウ) http://www.city.hiroshima.lg.jp/www/contents/1112000428867/index.html／環境文化創造研究所内 ヤマビル研究会 http://www.tele.co.jp/ui/leech/index.html／厚生労働省 人口動態調査 http://www.mhlw.go.jp/toukei/list/81-1.html／国立環境研究所 侵入生物データベース https://www.nies.go.jp/biodiversity/invasive/／国立感染症研究所 重症熱性血小板減少症候群(SFTS) https://www.niid.go.jp/niid/ja/sfts/3143-sfts.html／国立感染症研究所 ライム病とは https://www.niid.go.jp/niid/ja/kansennohanashi/524-lyme.html／国立感染症研究所 ダニ媒介性脳炎とは https://www.niid.go.jp/niid/ja/kansennohanashi/434-tick-encephalitis-intro.html／日本分類学会連合 日本産生物種数調査 http://www.ujssb.org/biospnum/search.php／日本爬虫両棲類学会 日本産爬虫両棲類標準和名 http://zoo.zool.kyoto-u.ac.jp/herp/wamei.html／日本毒染症学会 https://www.kansensho.or.jp/ref/d41.html／日本ライフセービング協会 知ってほしいWater Safety クラゲにさされたら https://jla-lifesaving.or.jp/watersafety/jellyfish/／東京医科大学八王子医療センター救命救急センター http://qq8oji.tokyo-med.ac.jp/pg-report/821／U.S. National Library of Medicine TOXNET https://toxnet.nlm.nih.gov/／WWFジャパン 日本に生息する2種のクマ、ツキノワグマとヒグマについて https://www.wwf.or.jp/activities/basicinfo/2407.html

著者プロフィール

**西海太介**（にしうみ だいすけ）

一般社団法人セルズ環境教育デザイン研究所 代表理事所長。神奈川県横浜市生まれ。『危険生物対策』や『アカデミックな自然教育』を専門とする生物学指導者。昆虫学を玉川大学農学部で学んだ後、高尾ビジターセンターや横須賀２公園での自然解説員経験を経て、2015年「セルズ環境教育デザイン研究所」を創業。現在、危険生物のリスクマネジメントをはじめとした指導者養成、小学生〜高校生向けの「生物学研究教室」などの専門講座を行うほか、メディア出演や執筆・監修などに幅広く携わる。監修書籍『すごく危険な毒せいぶつ図鑑』（世界文化社）、著書『身近にあふれる危険な生き物が３時間でわかる本』（明日香出版社）など。

# 危ない動植物ハンドブック

2023年3月1日　初版第1刷発行
2024年7月20日　初版第2刷発行

| | |
|---|---|
| 著　者 | 西海太介 |
| 写　真 | 西海太介、Shutterstock、pixta、iStock、amanaimages |
| 編集協力 | 開発社 |
| 発行者 | 石井 悟 |
| 発行所 | 株式会社自由国民社 |
| | 〒171-0033　東京都豊島区高田3 − 10 − 11 |
| 電　話 | 03-6233-0781（代表） |
| 造　本 | ＪＫ |
| 印刷所 | 大日本印刷株式会社 |
| 製本所 | 新風製本株式会社 |